Bau deinen Garten

AF850224

HOCHBEETE
& KRÄUTERSPIRALEN

Bau deinen Garten

HOCHBEETE
& KRÄUTERSPIRALEN

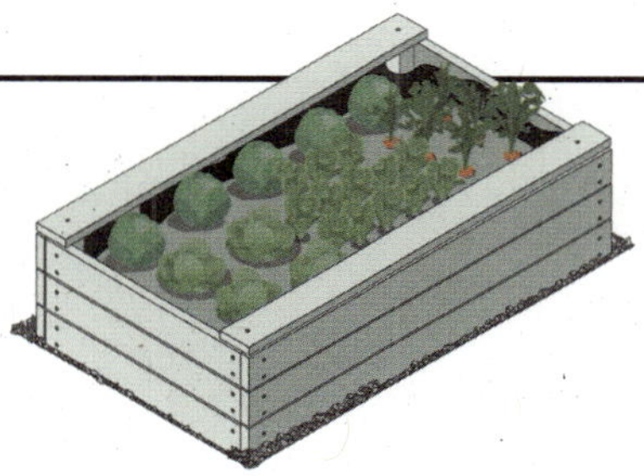

Stiftung Warentest

Das schaffst Du!
Randvoll mit besonderen Tipps, damit das Bauen Spaß macht.

Experten-Tipp

Individuell Deins

Fakten-Checker

Trend-Tipp

Hochbeete & Kräuterspiralen

Jedes Projekt wird in nur 3 bis maximal 5 Schritten erklärt.

Inhaltsverzeichnis

So geht Hoch-beet

Selber bauen statt kaufen

Die Vorteile des Eigenbaus

Ein Hochbeet selber zu bauen ist keine Wissenschaft – aber ein echter Gewinn. Du bestimmst Material, Maße und Stil, statt dich auf Standardmaße aus dem Baumarkt zu beschränken. Ob rustikal aus alten Paletten, elegant aus Naturstein oder praktisch aus Lärchenholz – du kannst dein Hochbeet perfekt an deinen Garten und deine Bedürfnisse anpassen.

Aber nicht nur das Ergebnis zählt. Schon der Bau macht Spaß, besonders wenn man ihn gemeinsam angeht – als Familienprojekt oder mit Freundinnen und Freunden. Und: Du lernst dein Hochbeet von Grund auf kennen. Du weißt, wie es aufgebaut ist, wie es stabil bleibt, wo es mal schwächeln könnte – und wie du es bei Bedarf ganz einfach reparierst.

Nebenbei sparst du auch Geld. Denn viele Materialien gibt es gebraucht oder sogar kostenlos – alte Ziegel, Paletten oder Holzreste vom Sägewerk. Am Ende steht ein individuelles Stück Gartenarchitektur, das nicht jeder hat.

Fakten-Checker

Leihen statt kaufen

Du brauchst nicht gleich den halben Baumarkt leerzukaufen. Teure Werkzeuge wie Kreis- oder Stichsäge, Akkuschrauber oder Bohrhammer brauchst du oft nur einmal. Frag im Freundeskreis oder nutze Leihangebote im Baumarkt – das spart Geld und Platz.

Experten-Tipp
Frühzeitig planen
Wenn du schon im Winter Material sammelst, kannst du im Frühling sofort loslegen – und dich auf die erste Ernte freuen, während andere noch Preise vergleichen. Das lohnt vor allem bei organischem Material für die Hochbeet-Füllung, da davon im Herbst besonders viel anfällt.

Dicke Holzbretter halten auch ohne schützende Lasur mindestens fünf oder sechs Jahre.

Materialbeschaffung

Wenn du erst einmal weißt, was du bauen willst, findest du das Material oft ganz in der Nähe. Viele Baustoffe wie Holz, Ziegel oder Wegplatten bekommst du im örtlichen Baumarkt, auf Baustellenbörsen oder über Kleinanzeigen. Schau dich auch bei Abrisshäusern oder in der Nachbarschaft um und frage die Besitzer – manches gute Beet beginnt mit einem alten Bretterzaun oder ausrangierten Terrassendielen.

Nicht jedes Holz ist für den Bau eines Hochbeets geeignet – besonders wenn es dauerhaft mit feuchter Erde in Kontakt kommt. Ideal ist unbehandeltes, witterungsbeständiges Holz, das frei von Schimmel, Fäulnis oder Schädlingsbefall ist. Weichhölzer wie Fichte oder Kiefer sind zwar günstig, müssen aber, wenn sie dünner als 3 cm sind, mit Lasur oder Holzöl geschützt werden, damit sie nicht zu schnell vergrauen oder morsch werden. Wesentlich robuster – und dafür auch etwas teurer – sind Hölzer wie Lärche oder Robinie. Sie enthalten natürliche Harze oder Gerbstoffe, die sie widerstandsfähig gegen Pilze und Feuchtigkeit machen, und sie bekommen mit der Zeit eine schöne, silbergraue Patina.

→ **Nicht alles muss neu sein.** Viele Städte bieten „Verschenk-Kisten" auf Wertstoffhöfen oder Tauschbörsen an. Auch bei Renovierungen im Bekanntenkreis fällt oft brauchbares Material ab. Augen offen halten lohnt sich!

→ **Vor dem Sägen prüfen!** In altem Holz können Nägel, Schrauben oder Tackerklammern stecken – unbedingt kontrollieren, um Sägeblätter zu schonen und Verletzungen zu vermeiden.

Werkzeug, Geräte und Materialien

Experten-Tipp
Qualität zahlt sich aus
Ein scharfer Bohrer, ein gut geschliffenes Sägeblatt und ein Akku, der durchhält – das spart Nerven und Zeit. Beim Werkzeug lohnt sich eine gute Wahl. Das gilt auch für große und kleine Gartengeräte. Spaten und Schaufel mit einem stabilen Holzstiel liegen gut in der Hand und man vermeidet zudem zukünftigen Plastikmüll.

Los gehts: Mit dem richtigen Werkzeug und passenden Geräten wird die Arbeit im Garten zum Vergnügen.

Grundausstattung

→ **Akkuschrauber statt Kabelsalat:** Ein guter Akkuschrauber oder Akkubohrer ist beim Hochbeet-Bau unverzichtbar. Du arbeitest kabellos, flexibel und brauchst keine Steckdose in Reichweite – perfekt für draußen.

→ **Ohne Messen geht nichts.** Metermaß, Maßband und Richtschnur brauchst du, um dein Beet exakt auszurichten. So passt später alles – und sieht auch gut aus.

→ **Wasserwaage – beim Mauern, Ausrichten oder Verlegen unverzichtbar:** Mit der Wasserwaage stellst du sicher, dass dein Hochbeet später nicht schief im Garten steht.

→ **Eine einfache Stichsäge** oder Handsäge reicht für die meisten Holzarbeiten völlig aus. Für Projekte, bei denen du viele Bretter oder Holzteile zusägen möchtest, lohnt sich die Anschaffung einer kleinen Akku-Kettensäge – leicht, handlich, effektiv.

→ **Vorbohren verhindert Ärger.** Ein Satz Holzbohrer sind Gold wert. Wenn du Schrauben vorbohrst, splittert das Holz weniger und die Schrauben halten besser – gerade bei dicken Brettern.

→ **Sägebock:** der unterschätzte Helfer. Ein einfacher Holz- oder Klappbock macht das Zuschneiden sicherer und präziser. Mit einer festen Auflage sägst du gerader – und arbeitest entspannter.

→ **Spaten und Schaufel** – die Basics. Zum Graben, Mischen und Einfüllen der Erde brauchst du einen guten Spaten und eine Schaufel. Handschaufel, Handschuhe, Rechen oder Harke brauchst du spätestens beim Befüllen des Beets. Praktisch auch zum Einpflanzen, Mulchen oder Erde glätten.

→ **Nach dem Aufbau beginnt die Pflege:** Eine Gießkanne oder ein Schlauch mit feiner Brause ist ideal – besonders bei frisch gesäten Beeten, die du sanft bewässern willst.

Zubehör und Nützliches

Bevor du mit dem Bau deines neuen Hochbeets startest, heißt es erst mal: Material und Werkzeug sorgfältig durchchecken! Nichts ist nerviger, als an einem Samstagnachmittag motiviert im Garten zu stehen – und dann fehlen ausgerechnet die passenden Schrauben, ein wichtiges Werkzeug oder ein Bauteil. Und der Baumarkt? Ist entweder weit weg oder hat schon zu. Damit dir das nicht passiert, haben wir hier zusätzlich zu dem, was auf der Doppelseite zuvor genannt wurde, alles zusammengestellt, was du fürs Bauen eines Hochbeets brauchst.

→ **Holzschrauben** – am besten Spax-Schrauben mit selbstschneidendem Gewinde. Sie lassen sich leicht ins Holz drehen. Achte beim Kauf auf den passenden Schraubenkopf: Kreuz, Schlitz oder Torx – je nachdem, was dein Schrauber verarbeiten kann.

→ **Drahtzange** – zum Zuschneiden des Drahtgitters, das unten ins Hochbeet eingelegt wird und dort als Schutz gegen Wühlmäuse dient.

→ **Draht** und **Hammer** – beide sehr nützlich, je nach Bauweise des Hochbeets.

→ **Metallwinkel** – ideal, um Holzteile stabil miteinander zu verbinden.

→ **Tacker**, **Klammern und einen Cutter** – brauchst du, wenn du Folie als Schutz vor Feuchtigkeit auf der Innenseite des Hochbeets befestigst.

Alleskönner Schubkarre: zum Transportieren, Zwischenlagern und Aufbewahren während der Arbeiten.

Ein Tacker ist praktisch, um Teichfolie als Holzschutz innen im Hochbeet anzubringen.

→ **Schubkarre** Ein unverzichtbarer Helfer, um beim Hochbeetbau Schotter, Kies und später die Materialien für die Beetfüllung bequem zu transportieren.

Hilfreiche Materialien

→ **Schotter oder Kies** für die Drainageschicht unter dem Hochbeet – verbessert die Standfestigkeit und verhindert Staunässe.

→ **Sand oder feiner Splitt** Zum Ausrichten der Steine, für einen ebenen Untergrund und als Pflanzsubstrat für die oberen Bereiche einer Kräuterspirale.

→ **Mörtel** (optional) falls du die Steine vermauern möchtest – bei trockener Schichtung ist das nicht nötig, aber stabiler wird es mit Mörtel.

→ **Drahtgitter** gegen Wühlmäuse, besonders wichtig in ländlichen Gärten.

→ **Teich- oder Noppenfolie** (optional) als Innenauskleidung, falls du die Innenseiten der Bretter etwas schützen oder Holz bzw. Mauerwerk vom Erdreich trennen möchtest. Außerdem brauchst du Folie, wenn du am unteren Ende einer Kräuterspirale eine kleine Wasserzone anlegen möchtest.

Sicherheit geht vor

Das solltest du beim Bau von Hochbeet, Kräuterspirale oder Beeteinfassung beachten:

→ **Ruhig arbeiten – nicht hetzen.** Stress ist ein häufiger Unfallverursacher. Lieber konzentriert und in Ruhe Schritt für Schritt vorgehen.

→ **Arbeitshandschuhe** schützen vor Splittern, scharfen Kanten und Drahtenden – besonders beim Arbeiten mit unbehandeltem Holz oder Drahtgeflecht.

→ **Feste Schuhe** verhindern Verletzungen durch herunterfallende Werkzeuge oder schwere Bauteile.

→ **Schutzbrille verwenden:** Beim Sägen oder Bohren fliegen gerne mal Holzspäne oder Metallteilchen durch die Gegend.

→ **Werkzeuge sachgerecht einsetzen:** Akkuschrauber, Tacker und Säge nur mit sicherem Stand und festem Griff benutzen. Keine defekten Geräte verwenden! Sägearbeiten nur auf stabiler Unterlage ausführen.

→ **Ein wackliger Tisch** als Arbeitsfläche ist keine gute Idee – lieber auf einem festen Werkbock oder auf dem Boden arbeiten.

→ **Beim Bohren und Schrauben** auf Finger achten. Vor allem bei kleinen Teilen und in Ecken lieber etwas mehr Abstand zu den Fingern halten oder Teile mit einer Klemme fixieren.

→ **Auf sicheren Stand achten:** Beim Heben schwerer Teile oder beim Arbeiten am Hochbeetrand nie auf instabile Unterlagen steigen (z. B. Eimer, Steine o. Ä.).

→ **Offene Drahtenden** sind Verletzungsgefahr pur – am besten nach innen biegen.

→ **Erste-Hilfe-Set** mit Pflaster, Mullbinden, Desinfektionsmittel bereithalten: ein kleiner Kratzer oder Schnitt ist schnell passiert und dann solltest du nicht lange nach einem Pflaster suchen müssen.

Hochbeete für reiche Ernten

Hochbeete sind einfach genial. Ob elegant, rustikal, aus Holz, Stein oder Metall: Im Hochbeet kannst du dein eigenes Gemüse anbauen und leckere Kräuter ernten. Unabhängig vom Boden und ganz ohne Bücken.

→ aus Holz

Das Praktische.
Holz ist der ideale Baustoff für dein Hochbeet. Einfach zu verarbeiten und flexibel für jede Größe und Form.

→ aus Stein

Das Solide.
Dauerhaft und robust. Ob Naturstein, Ziegel oder aus Trockenmauern – ein Hochbeet für jeden Gartenstil.

→ Sonderformen

Das Innovative.
Nachhaltig und pflegeleicht: die geniale Kombination aus Kompostmiete und Hochbeet ermöglicht reichhaltige Ernte bei wenig Zeitaufwand.

Ein Hochbeet – viele Vorteile

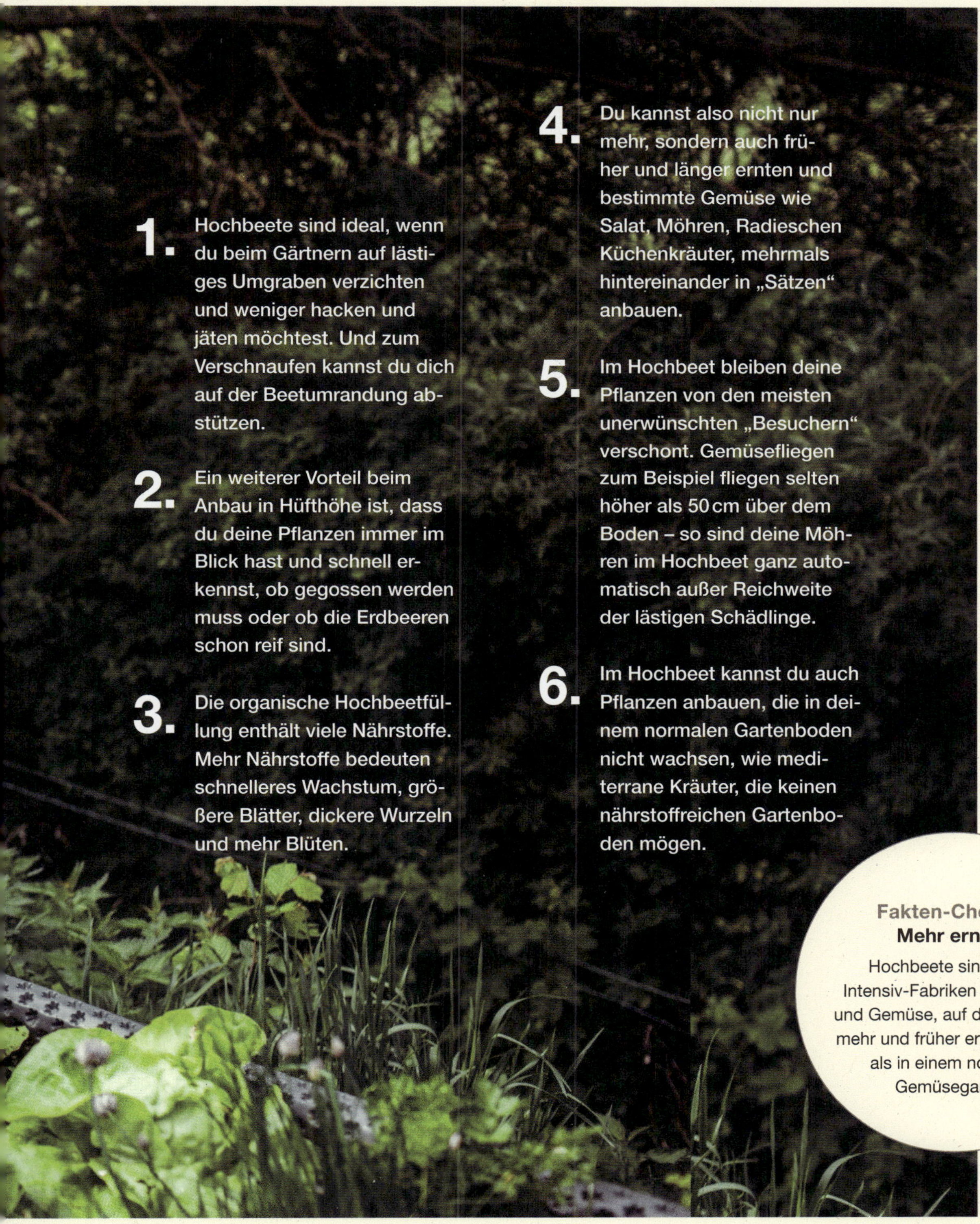

1. Hochbeete sind ideal, wenn du beim Gärtnern auf lästiges Umgraben verzichten und weniger hacken und jäten möchtest. Und zum Verschnaufen kannst du dich auf der Beetumrandung abstützen.

2. Ein weiterer Vorteil beim Anbau in Hüfthöhe ist, dass du deine Pflanzen immer im Blick hast und schnell erkennst, ob gegossen werden muss oder ob die Erdbeeren schon reif sind.

3. Die organische Hochbeetfüllung enthält viele Nährstoffe. Mehr Nährstoffe bedeuten schnelleres Wachstum, größere Blätter, dickere Wurzeln und mehr Blüten.

4. Du kannst also nicht nur mehr, sondern auch früher und länger ernten und bestimmte Gemüse wie Salat, Möhren, Radieschen Küchenkräuter, mehrmals hintereinander in „Sätzen“ anbauen.

5. Im Hochbeet bleiben deine Pflanzen von den meisten unerwünschten „Besuchern“ verschont. Gemüsefliegen zum Beispiel fliegen selten höher als 50 cm über dem Boden – so sind deine Möhren im Hochbeet ganz automatisch außer Reichweite der lästigen Schädlinge.

6. Im Hochbeet kannst du auch Pflanzen anbauen, die in deinem normalen Gartenboden nicht wachsen, wie mediterrane Kräuter, die keinen nährstoffreichen Gartenboden mögen.

Fakten-Checker
Mehr ernten

Hochbeete sind kleine Intensiv-Fabriken für Kräuter und Gemüse, auf denen du viel mehr und früher ernten kannst als in einem normalen Gemüsegarten.

Reiche Ernte garantiert: Im Hochbeet gedeihen Gemüse oft besser als in normalen Grundbeeten.

Hochbeete auf einen Blick

Warum ein Hochbeet?

Ein Hochbeet hat viele Vorteile – und zwar nicht nur für Rücken und Knie. Du kannst darin Gemüse, Kräuter oder Blumen anbauen, unabhängig vom Gartenboden und genau da, wo du willst: im Garten, auf der Terrasse oder sogar auf dem Balkon.

Hochbeete lassen sich individuell planen und bauen – in der Form, Größe und Höhe, die zu dir und deinem Garten passt. Ob rustikal, elegant oder recycelt aus Paletten: Alles ist möglich. Sie sind flexibel aufstellbar und – je nach Bauweise – sogar wieder abbaubar, sodass du sie an anderer Stelle neu nutzen kannst. Und auch für die Gartengestaltung sind sie praktisch: Hochbeete strukturieren Flächen, trennen Räume, schaffen Höhe und setzen Akzente.

Der richtige Standort

Pflanzen wachsen dort am besten, wo Licht, Wärme und Luftzirkulation stimmen. Als „sonnig“ gilt ein Platz mit mehr als sechs Stunden direkter Sonne täglich; „halbschattig“ sind etwa fünf bis sechs Stunden.

Am besten stellst du dein Hochbeet in Nord–Süd-Richtung auf. So wandert die Sonne im Tagesverlauf gleichmäßig über alle Pflanzreihen, und keine Pflanze wird dauerhaft in den Schatten gestellt. Auch im Frühjahr oder Herbst, wenn die Sonne flacher steht, erreicht noch genug Licht das Beet. Bei einer Ost–West-Ausrichtung sieht es dagegen anders aus: Die Südseite bekommt mehr Sonne, die Beetwand erwärmt sich schneller und trocknet aus, während die Nordseite im Schatten liegt. Dort wachsen die Pflanzen schwächer, der Ertrag ist geringer.

Gesundes Klima

Mauern und Hauswände speichern Wärme und geben sie nachts ab – das schafft ein freundliches Mikroklima. Mulden am Hangfuß – „Kältesenken“ – vermeidest du als Hochbeet-Standort, dort staut sich kalte Luft, die Vegetation startet später.

Experten-Tipp
Clever bewässern
Automatische Bewässerungssysteme mit Tropfschläuchen lohnen sich, wenn man mehrere Beete hat.

Mediterrane Kräuter brauchen volle Sonne und vertragen keine Nässe.

Im Halbschatten gedeihen Salate und Küchenkräuter wie Petersilie gut.

Ein leichter Luftzug hilft, Blätter nach Regen oder Tau schneller abtrocknen zu lassen – das senkt das Risiko für Pilzkrankheiten wie Mehltau und bremst Schädlinge wie Kohlweißling oder Gemüsefliegen.

Sonnenanbeter

Viele Kräuter und Gemüse legen in der Sonne an Aroma und Widerstandskraft zu. Für vollsonnige Plätze eignen sich:

→ **mediterrane Kräuter** wie Thymian, Lavendel, Rosmarin, Ysop, Currykraut, Basilikum, Salbei und Oregano
→ **Küchen- und Teekräuter** wie Majoran, Liebstöckel, Fenchel, Koriander
→ **Gemüse** wie alle Kohlarten, Erbsen, Möhren, Zwiebeln, Knoblauch
→ **Fruchtgemüse** wie Tomaten, Paprika/Chili, Auberginen, Zucchini, Kürbis

Halbschatten geht auch

Wo nur Vor- oder Nachmittagssonne ankommt, musst du nicht auf eine Ernte verzichten. Gut funktionieren:

→ **Blattgemüse** wie Spinat, Kopfsalat, Sauerampfer, Mangold
→ **Wurzelgemüse** wie Rote Bete, Mairübchen und Radieschen

→ **Kräuter** wie Petersilie, Schnittlauch und Dill. Wichtig: mindestens fünf bis sechs Stunden Sonne täglich.

Schattenliebhaber

Für kühle, feuchtere Plätze – Innenhöfe oder Nordseiten – sind vor allem Farne, Funkien sowie Schattenstauden und -gräser geeignet. Sie sind eher Zier- als Nutzpflanzen, schaffen aber einen harmonischen Rahmen rund ums Hochbeet.

Der beste Zeitpunkt zum Bauen

Wenn im März die Tage länger werden, juckt es uns Gärtnern in den Fingern. Was liegt da näher, als die neue Saison mit dem Bau eines Hochbeets einzuleiten? Ab Ende Februar, Anfang März, sobald der Frost (wenn es überhaupt welchen gab) vorbei ist, kannst du starten. Liegt noch Schnee oder ist der Boden gefroren, wartest du einfach einige Tage ab. Ein mühsames Umgraben ist nicht nötig – es reicht, die Fläche zu ebnen, auf der das Beet stehen soll.

Auch im Herbst, nach der Haupterntesaison, kann man ein Hochbeet bauen.

Grobe Äste, Hecken- und Grasschnitt und Kompost dienen als Hochbeetfüllung.

Frühling

Die Anlage im Frühjahr hat viele Vorteile:

→ **Reichlich Material:** Es gibt reichlich halb verrotteten Kompost, Strauch- und Heckenschnitt sowie Erntereste aus dem Vorjahr zum Befüllen.

→ **Obstbaumschnitt** aus dem Spätwinter kann direkt als Drainageschicht eingebaut werden.

→ **Nach dem Befüllen** kannst du sofort mit Aussaat und Pflanzung loslegen.

Herbst

Wer im Frühjahr keine Gelegenheit hatte, kann das Hochbeet ebenso gut im Herbst bauen. Sobald die Beete abgeräumt sind, wird die Fläche eingeebnet und das Hochbeet befüllt. Gerade jetzt gibt es reichlich organisches Material: Heckenschnitt, abgeblühte Stauden, frische Erntereste und Gartenabfälle. Alles, was sonst auf dem Kompost landen würde, kann als erste Schicht ins Hochbeet. Damit die wertvollen Nährstoffe über den Winter nicht ausgewaschen werden, solltest du die Oberfläche mit einer Folie oder einem dichten Unkrautvlies abdecken. So bleibt der Kompost geschützt und das Beet ist im Frühjahr sofort einsatzbereit.

Hochbeet-Füllung

Die klassische Hochbeet-Füllung besteht aus mehreren Schichten. Das Prinzip: unten grobes Material für Drainage und Belüftung, oben nährstoffreiche Erde für optimales Pflanzenwachstum. So entsteht ein dauerhafter Nährstoffvorrat – und das Beet sackt nicht so schnell ab. Die typische Schichtung von unten nach oben:

→ **Grobes Material** (ca. 20–30 cm): Äste, Zweige, Heckenschnitt oder grobe Holzhäcksel – sorgen für Luft und gute Durchlässigkeit.

→ **Organische Füllung** (ca. 20 cm): Rasensoden (mit Wurzeln nach oben), halbreifer Kompost, Laub oder Pflanzenschnitt – liefern langsam Nährstoffe.

→ **Feinmaterial** (ca. 20 cm): Reifer Kompost, gut verrotteter Mist oder hochwertige Gartenerde – dienen als Nährstoffspeicher.

→ **Pflanzschicht** (ca. 10–20 cm): Feine Hochbeeterde oder Gemüseerde – locker, humusreich, gut durchlüftet.

Pfanzen im Hochbeet

Ob Gemüse, Kräuter, Beeren oder Zierpflanzen – im Hochbeet gedeihen viele Arten besonders gut. Neben klassischen Nutzpflanzen wie Tomaten, Salat oder Petersilie kannst du auch Erdbeeren, Beeren- und Ziersträucher, Stauden, Gräser, Sommerblumen und Zwiebelpflanzen einsetzen. Die lockere, nährstoffreiche Erde, weniger Unkraut sowie Wärme von unten – siehe Fakten-Checker – schaffen ideale Wachstumsbedingungen.

Gemüse und Kräuter

Kulturen wie Kohl, Sellerie, Tomaten und Zucchini, die viele Nährstoffe brauchen, profitieren ebenso wie Radieschen, Salat, Spinat, Möhren, Mangold oder Buschbohnen. Da du die Erde selbst zusammenstellst, bist du flexibel und kannst auch zweimal hintereinander die gleiche Kultur anbauen – frische Erde oder Kompost einbringen genügt. Tipp: Stangenbohnen oder hohe Tomaten sind weniger geeignet, da sie schnell über Hüfthöhe hinauswachsen.

Auch Küchenkräuter wie Petersilie, Schnittlauch, Liebstöckel, Kerbel und Dill fühlen sich im Hochbeet wohl. Einjährige Kräuter wie Basilikum brauchen viel Wasser und Nährstoffe.

Fakten-Checker
Fußbodenheizung im Hochbeet

Wenn sich viel feuchtes Material im Hochbeet oder im Kompost befindet und die organische Substanz von Bakterien zersetzt wird, wird es heiß – bis 70 °C. Besonders frischer Rasenschnitt, grüne Pflanzenreste oder Blätter und frischer Mist erhitzen sich beim Zersetzen. Diese Wärme wirkt für Samen und Jungpflanzen wie eine natürliche Fußbodenheizung.

Starkzehrer wie Zucchini gedeihen im Hochbeet ganz besonders gut.

Mediterrane, mehrjährige Kräuter wie Thymian, Rosmarin, Oregano, Salbei, Ysop oder Currykraut mögen es dagegen mager und trocken – sie setzt man besser in ein eigenes Hochbeet mit durchlässigem Substrat. Wuchernde Arten wie Minze oder Zitronenmelisse setzt du besser separat, damit sie nicht alles überwuchern.

Naschobst und Beeren

Erdbeeren gehören fast schon ins Pflichtprogramm im Hochbeet, dazu passen Johannisbeeren, Stachelbeeren oder Heidelbeeren. Achte auf kleinwüchsige Sorten, denn große Sträucher oder starkwüchsige Brombeeren sind im Hochbeet fehl am Platz. Für Heidelbeeren eignet sich Moorbeeterde, da sie saure, humose Böden bevorzugen. Bei Stachelbeeren empfiehlt es sich, stachellose und mehltauresistente Sorten zu wählen.

Sommerblumen wie diese Ringelblumen fühlen sich im Hochbeet pudelwohl (oben).
Gemüse, Blumen und Ziersträucher können im Hochbeet zusammen kultiviert werden (unten).

Stauden und Gräser

Stauden und Gräser bringen Struktur ins Hochbeet – sie treiben jedes Jahr neu aus und sorgen das ganze Jahr für Abwechslung. Frühblüher wie Krokusse oder Tulpen setzen im Frühjahr erste Farbtupfer, viele Stauden zeigen zusätzlich eine schöne Herbstfärbung oder dekorative Samenstände.

→ **Sonnenstauden:** Für warme, trockene Beete eignen sich Arten wie Palmlilie (Yucca), Steppen-Salbei, Schafgarbe, Wolfsmilch oder Duftnessel. Sie vertragen Hitze, Trockenheit und bieten Blüten bis in den Herbst.

→ **Schattenstauden:** In halbschattigen Lagen glänzen Bergenien, Elfenblumen, Taubnesseln, Funkien oder Purpurglöckchen. Sie punkten mit attraktivem Laub und langer Blüte.

→ **Gräser:** Zarte Halme und elegante Blütenstände machen Gräser zu idealen Begleitern. Für sonnige Beete eignen sich Reiher-Federgras, Moskitogras oder Magellan-Blaugras, für schattige Lagen verschiedene Seggen oder das dekorative Japan-Waldgras. Viele Arten sind immergrün und halten das Beet auch im Winter lebendig.

Sommerblumen

Einjährige Sommerblumen sorgen von Juni bis September für Farbe. Schmuckkörbchen, Ringelblumen, Goldmohn, Spinnenblume, Jungfer im Grünen oder Sonnenhut sind bewährte Klassiker. Wer es unkompliziert mag, greift zu fertigen Saatmischungen wie dem „Mössinger Sommer“, die über Monate hinweg ein buntes Blütenmeer liefern.

Eine Einteilung in kleine Quadrate erleichtert das Pflanzen und Säen im Hochbeet.

Pfanzen & pflegen

Damit dein Hochbeet über die ganze Saison hinweg prächtig gedeiht, kommt es auf die richtige Pflege an – vom Aussäen über das Gießen und Düngen bis zur Ernte. Viele Gemüse kannst du direkt ins Beet säen, empfindlichere Arten wie Tomaten, Paprika oder Auberginen ziehst du besser vor. Wer früher ernten will, setzt vorgezogene Jungpflanzen, die du auf dem Markt, in einer Gärtnerei oder im Gartencenter kaufen kannst, wenn du sie nicht selbst ziehen möchtest.

→ **Gießen:** Pflanzen brauchen regelmäßig Wasser – vor allem an heißen Tagen. Gieße am besten morgens, und zwar direkt auf die Erde, nicht über die Blätter. So sparst du Wasser und beugst Pilzkrankheiten vor.

→ **Düngen:** Ob Kompost oder organischer Gemüsedünger – Hauptsache regelmäßig, aber nicht zu viel. Wichtig: Nur bei feuchter Erde düngen und danach immer gießen. In den ersten Jahren reicht bei Kompostbeeten oft der Nährstoffvorrat.

→ **Pflege & Pflanzenschutz:** Lockere die Erde gelegentlich auf, entferne welke Blätter und halte Unkraut in Schach. Ein Schneckenzaun, Netze gegen Gemüsefliegen oder Kohlkragen helfen gegen Schädlinge – ganz ohne Chemie. Achtung: Manche Krankheiten wie Mehltau oder Braunfäule lassen sich durch eine entsprechende Sortenwahl oder ein einfaches Regendach verhindern.

→ **Ernte:** Viele Gemüse wie Salat, Radieschen oder Zucchini wachsen schnell nach – also lieber früh und regelmäßig ernten. Je öfter du pflückst, desto mehr wächst nach.

→ **Saisonverlängerung:** Mit Vlies, Frühbeet oder Schutzdach verlängerst du die Gartensaison deutlich.

Hoch-beet-Praxis durch das Jahr

Ein Hochbeet kann fast das ganze Jahr über genutzt werden – mit der richtigen Planung sogar für mehrere aufeinanderfolgende Ernten pro Saison. Wer die Kulturen geschickt kombiniert, spart Platz und erzielt erstaunliche Erträge. Der Schlüssel liegt in kluger Fruchtfolge, standortgerechter Auswahl und regelmäßiger Pflege.

→ **Hochbeete** erwärmen sich im Frühjahr schneller als normale Beete, das ermöglicht einen früheren Start. Durch Nachkultur und gut geplante Pflanzabfolge wird der Platz optimal ausgenutzt – selbst im Winter lässt sich noch etwas ernten oder vorbereiten.

Frühjahr

Schon ab März geht es los: Mit dem stärker werdenden Sonnenlicht beginnt das neue Gar-

Erbsen und Bohnen können im Hochbeet direkt in die Erde gesät werden.

tenjahr im Hochbeet. Frühgemüse wie Radieschen, Spinat, Pflücksalat oder Mairüben können direkt gesät werden. Vlies oder ein Frühbeetaufsatz schützen vor kalten Nächten.

→ **Robuste Jungpflanzen** wie Kohlrabi, Mangold oder Salate können jetzt gesetzt werden. Steckzwiebeln und frühe Kartoffeln kommen ebenfalls schon ins Beet.

→ **Tipp:** Wer verschiedene Kulturen mischt, nutzt den Platz besser – beispielsweise Radieschen oder Kresse zwischen Salatreihen.

→ **Pflege:** Erde regelmäßig lockern, Unkraut jäten, bei Trockenheit gießen.

Sommer

Jetzt steht das Beet in voller Kraft. Salat, Kohlrabi, Erbsen, Spinat und frühe Karotten können geerntet werden – Platz für die zweite Runde! Als Nachkultur eignen sich z. B. Buschbohnen, Endivien, Chinakohl oder Zichorien. Auch Kräuter wie Dill, Petersilie oder Koriander gedeihen jetzt schnell.

→ **Regelmäßig ernten** fördert neue Austriebe – je öfter man pflückt, desto mehr wächst nach, desto öfter kann man ernten.

→ **Pflege:** Gießen nicht vergessen! Am besten morgens, direkt in den Wurzelbereich. Um die Feuchtigkeit zu halten, solltest du den Boden bei Hitze mulchen.

→ **Tipp:** Krankheiten wie Mehltau oder Blattläusen vorbeugen, indem luftige Pflanzabstände eingehalten werden. Mischkulturen (z. B. Tomaten mit Basilikum) stärken die Pflanzengesundheit.

Herbst

Auch der Herbst hat noch einiges zu bieten: Feldsalat, Spinat, Winterportulak, Rucola oder Asia-Salate können jetzt gesät werden. Für eine längere Erntezeit hilft ein einfacher Kälteschutz aus Vlies oder Folie.

→ **Boden verbessern:** Nach der letzten Ernte eine Mulchschicht aus Laub, Kompost oder Rasenschnitt ausbringen. Das schützt vor Auswaschung und füttert das Bodenleben.

→ **Jetzt wichtig:** Pflanzenreste entfernen, Schädlinge wie Schnecken und Raupen absammeln und entsorgen – das reduziert den Schädlingsbefall im kommenden Jahr.

→ **Erde auffüllen:** Ist das Hochbeet stark abgesackt, kann jetzt frische Komposterde eingebracht werden.

Winter

Im Winter ruht das Beet – aber ganz ungenutzt bleibt es nicht. Frostfeste Kulturen wie Feldsalat, Winterspinat oder Lauch lassen sich mit etwas Schutz sogar im Dezember noch ernten. Eine Vliesabdeckung oder Frühbeetaufsätze schützen vor Frost.

→ **Nützlinge schützen:** Laub, Reisig oder Totholz am Rand bieten Unterschlupf für Insekten, die im Frühjahr wieder nützlich werden.

→ **Planung für die neue Saison:** Jetzt ist Zeit für die Beetplanung: Was wächst wann, wo passt was hin? Fruchtfolge und Mischkultur rechtzeitig notieren und Saatgut sichten.

Das beste Baumaterial

Holz

Hochbeete aus Holz sind einfach zu konstruieren, brauchen aber einen Schutz vor Feuchtigkeit und Nässe. Von außen kann das Holz mit einer umweltfreundlichen Lasur oder mit Farbe angestrichen werden. Innen verhindert eine Lage Teichfolie oder Noppenbahn, dass die Feuchtigkeit des Erdreichs bzw. der Füllung direkten Kontakt zum Holz hat. Holz-Hochbeete können im Gegensatz zu Hochbeeten aus Stein oder Beton einfacher wieder abgebaut werden.

→ **Weichholz** (Fichte, Tanne, Kiefer) ist günstig, braucht aber einen Schutzanstrich.

→ **Hartholz** (Eiche, Kastanie, Robinie, Ulme, Lärche) ist robuster, bekommt eine schöne Patina, ist aber auch teurer.

→ **Hochbeet aus Holz** → S. 30
→ **Frühbeetaufsatz** → S. 42
→ **Pyramidenhochbeet** → S. 50
→ **Mobiles Balkonhochbeet** → S. 58

Fakten-Checker
Finger weg von Exotenholz
Auf Tropenholz wie Teak, Bangkirai und Eukalyptus sollte aus Umweltschutzgründen verzichtet werden. Selbst wenn sie ein Umweltzertifikat tragen, wurde für die Plantagen Regenwald gerodet.

Stein

Gemauerte oder aus Beton gebaute Hochbeete gehören zu den hochwertigen Gartenelementen. Alle Hochbeete aus Stein, Ziegeln oder Beton benötigen ein frostsicheres, ausreichend tiefes und tragfähiges Fundament.

→ **Naturstein:** Am besten aus der Region, in der du lebst. Die Transportkosten sind niedriger als bei „exotischem" Gestein und das Material fügt sich harmonischer in den Garten ein.

→ **Ziegel und Klinker** sehen natürlich aus und lassen sich in jeder Form verbauen. Sie sind relativ günstig und in vielen Farben erhältlich.

→ **Beton** ist flexibel und kann naturbelassen bleiben – als stylischer Sichtbeton – oder verputzt und gestrichen werden. Hochbeete aus Beton brauchen zur Stabilisierung auf jeden Fall eine Armierung aus Stahl und sollten nur von Profis gebaut werden.

→ **Wegplatten:** Ganz simpel ist der Bau eines Kastenbeets aus Wegplatten, die senkrecht in ein Kies- oder Mörtelbett gestellt werden.

→ **Hochbeet aus Ziegel oder Stein** → S. 68
→ **Trockenmauerhochbeet** S. 76
→ **Komposthochbeet** → S. 84

Sonderformen

Ein Keyhole- oder Schlüssellochbeet kombiniert Hochbeet und Komposter. In die Öffnung in der Mitte wird laufend frisches organisches Füllmaterial gegeben, das verrottet und von den Pflanzen genutzt werden kann.

Auch Gabionen kannst du zum Bau Hochbeeten umfunktionieren.

→ **Keyhole-Beet** → S. 92
→ **Gabionen-Hochbeet** → S. 100

Trend-Tipp

Metall und Kunststoff

Hochbeete aus Metall können in jeder Form und Größe hergestellt werden, müssen aber vom Schlosser auf Maß gefertigt werden oder du kaufst einen fertigen Bausatz mit Anleitung. Hochbeete aus (Recycling-)Kunststoff sind selten attraktiv und halten auch nicht lange. Natürliche Materialien sind besser geeignet.

Auf einen Blick

→ **Holz:** Ideal für flexible Hochbeete und viele Formen. Leicht zu verarbeiten

→ **Naturstein:** Sieht gut aus, solide und dauerhaft. Anspruchsvoller beim Bau

→ **Ziegel:** Schick und natürlich, dauerhaft, einfacher als Naturstein zu verarbeiten

→ **Trockensteine:** Anspruchsvoll, sieht gut aus und schafft viele Lebensräume

→ **Beton:** dauerhaft, anspruchsvoll beim Bau, Armierung nötig

Holz als Baumaterial

Egal ob Bretter, Bohlen oder Paletten – die erste Anlaufstelle ist meist ein gut sortierter Baumarkt oder ein Gartencenter. Dort findest du in der Regel alles, was du für den Bau deines Hochbeets brauchst.

Leimholzplatten

Diese glatt gehobelten, ca. 2,5 cm starken Platten aus Fichten- oder Tannenholz bekommst du in unterschiedlichen Standardmaßen: 20, 30 oder 40 cm breit und 60, 80, 100 oder 120 cm lang. Perfekt also für Hochbeete in verschiedenen Größen. Die Platten sind bereits zugesägt und lassen sich mit Kanthölzern in den Ecken mit wenigen Handgriffen zu einem stabilen Hochbeetkasten zusammenbauen.

Bauholz und Bretter

Im Baumarkt oder beim Holzhändler kannst du dir Bretter und Kanthölzer aus dem Holz deiner Wahl direkt auf Maß zuschneiden lassen – in verschiedenen Stärken, Breiten und Längen. So hast du volle Gestaltungsfreiheit beim Bau deines Hochbeets.

Stangen, Rundholz & Palisaden

Wenn du es etwas rustikaler magst, kannst du auch rohe Fichtenrundhölzer oder -stangen verwenden. Dabei ist aber etwas handwerkliches Geschick gefragt: Die Hölzer werden wie beim Blockhausbau aufeinandergesetzt und müssen an den Eckverbindungen ausgekerbt werden – das sorgt für Stabilität.

Holz ist flexibel und kann für Hochbeete in vielen Formen und Größen verwendet werden.

Aus Holzstämmen kannst du wie bei einem Blockhaus ein Hochbeet bauen.

Einfacher gehts mit fertigen Palisadenwänden, die du im Handel als Beeteinfassung bekommst. Hochkant oder quer aufgestellt und etwa 25 cm tief eingegraben, eignen sie sich prima als Seitenwände für dein Hochbeet.

→ **Wichtig:** Frag beim Kauf unbedingt nach, ob das Holz kesseldruckimprägniert ist. Meist erkennst du das an einer leicht grünlichen Färbung. Die Imprägnierung schützt zwar vor Pilzen und Insekten, gibt aber über die Zeit chemische Stoffe ins Erdreich ab – deshalb eignen sich solche Hölzer nur für Zierpflanzen, nicht für Gemüse oder Kräuter!

→ **Finger weg** von alten Eisenbahnschwellen! Sie sind stark mit teerhaltigen Substanzen belastet und gehören auf den Sondermüll, nicht in deinen Garten.

Paletten & Transportkisten

Hochbeete aus Europaletten sind nicht nur günstig und schnell gebaut, sondern auch erstaunlich langlebig. Auch eine Kombination aus Europalette plus Rahmenaufsätzen funktioniert super – so entsteht im Handumdrehen eine praktische Holzkiste.

→ **Tipp:** Frag bei Möbelhändlern, Handwerksbetrieben oder Firmen im Industriegebiet nach – oft kannst du dort gebrauchte Paletten kostenlos oder günstig bekommen.

Schutz gegen Fäulnis

Damit dein Hochbeet aus Holz nicht schon nach zwei Wintern morsch ist, solltest du es gut vor Feuchtigkeit schützen. Das geht entweder durch konstruktiven Holzschutz oder durch einen Schutzanstrich – idealerweise beides.

→ **Konstruktiver Holzschutz:** Tacker eine Teichfolie von innen an den Holzrahmen – so kommt die feuchte Erde nicht direkt mit dem Holz in Kontakt. Wenn du unter die Eckpfosten noch ein paar Steine legst, kann Wasser besser ablaufen. Das Holz trocknet schneller und hält länger.

→ **Lasuren und Schutzanstrich:** Die Außenseiten deines Hochbeets kannst du mit umweltfreundlicher Holzlasur oder Holzschutzfarbe streichen. Die gibt es farblos oder in schönen Tönen – ganz nach Geschmack. Wichtig: Verwende im Garten keine giftigen Farben oder Lacke!

Spezielle Metallschienen aus dem Baumarkt trennen Holz und Boden – das verlängert die Lebensdauer.

Holz #1
Hochbeet aus Holz

Ein Hochbeet aus Holz ist der Klassiker: Es lässt sich perfekt nach den Gegebenheiten im Garten und deinen Wünschen bauen.

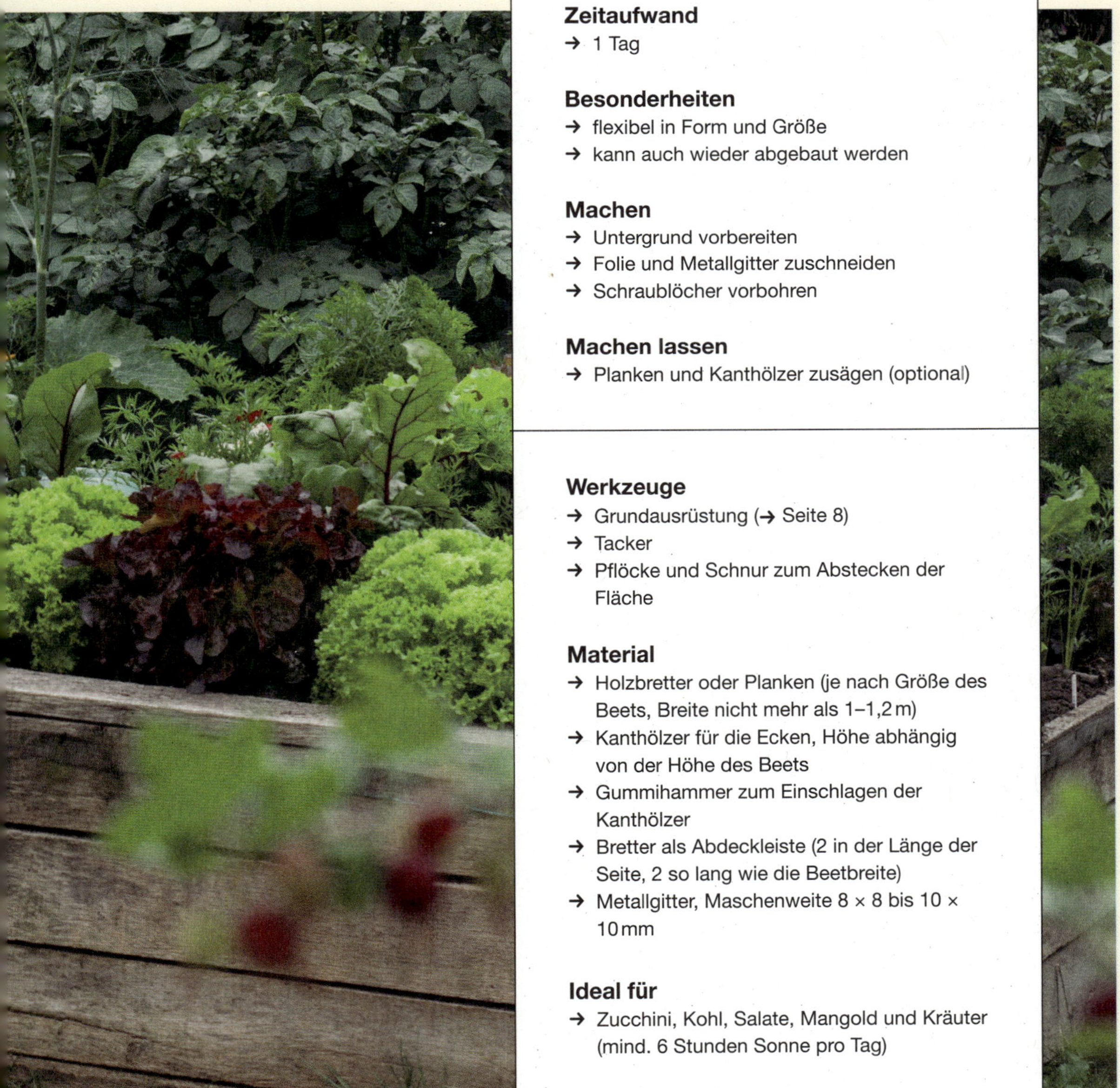

Checkliste

Einfach oder anspruchsvoll?
→ mittel → nur 5 Schritte

Zeitaufwand
→ 1 Tag

Besonderheiten
→ flexibel in Form und Größe
→ kann auch wieder abgebaut werden

Machen
→ Untergrund vorbereiten
→ Folie und Metallgitter zuschneiden
→ Schraublöcher vorbohren

Machen lassen
→ Planken und Kanthölzer zusägen (optional)

Werkzeuge
→ Grundausrüstung (→ Seite 8)
→ Tacker
→ Pflöcke und Schnur zum Abstecken der Fläche

Material
→ Holzbretter oder Planken (je nach Größe des Beets, Breite nicht mehr als 1–1,2 m)
→ Kanthölzer für die Ecken, Höhe abhängig von der Höhe des Beets
→ Gummihammer zum Einschlagen der Kanthölzer
→ Bretter als Abdeckleiste (2 in der Länge der Seite, 2 so lang wie die Beetbreite)
→ Metallgitter, Maschenweite 8 × 8 bis 10 × 10 mm

Ideal für
→ Zucchini, Kohl, Salate, Mangold und Kräuter (mind. 6 Stunden Sonne pro Tag)

Bauanleitung

Bau dein Hochbeet aus Holz

Step 1: Fundamentstreifen ausheben

Hebe entlang der geplanten Außenmaße des Hochbeets einen flachen Fundamentstreifen aus. Die Fläche kannst du mit Pflöcken, zwischen denen eine Schnur gespannt wird, markieren. Entferne dazu die Grasnarbe. Anschließend den Untergrund gut verdichten, damit die Konstruktion später stabil steht. Fülle den Streifen mit einer Schicht Schotter oder Splitt, um Staunässe zu vermeiden und das Holz vor aufsteigender Feuchtigkeit zu schützen. Lege nun die ersten Bretter auf die vorbereitete Fläche und richte sie exakt im rechten Winkel aus.

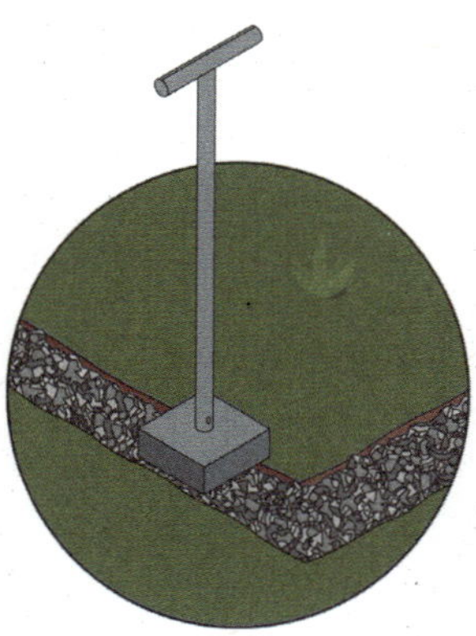

Grasnarbe entfernen und verdichten: Sorgt für einen stabilen und ebenen Untergrund

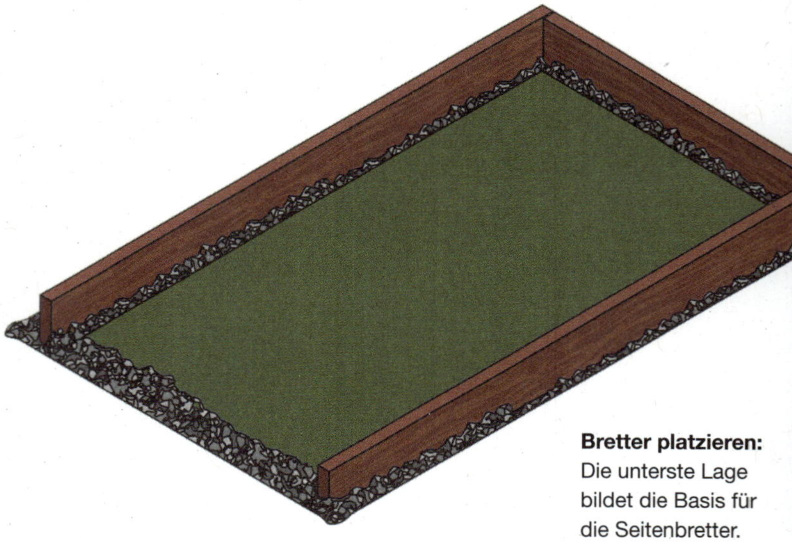

Bretter platzieren: Die unterste Lage bildet die Basis für die Seitenbretter.

Step 2: Kanthölzer zur Fixierung der Ecken montieren

Stelle an allen vier Ecken senkrechte Kanthölzer als Eckpfosten auf. Sie dienen als stabile Verbindung und geben dem Hochbeet Halt. Bohre die Bretter und die Pfosten an den Enden vor, damit das Holz beim Verschrauben nicht reißt. Schraube dann die Bretter fest an die Kanthölzer. Achte darauf, dass die Pfosten gerade stehen und die Konstruktion im Lot ist. So erhält das Hochbeet eine solide Grundstruktur, die sich leicht weiter aufbauen lässt.

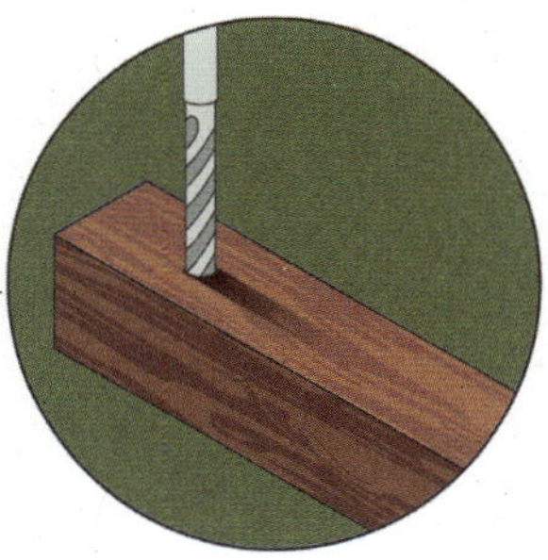

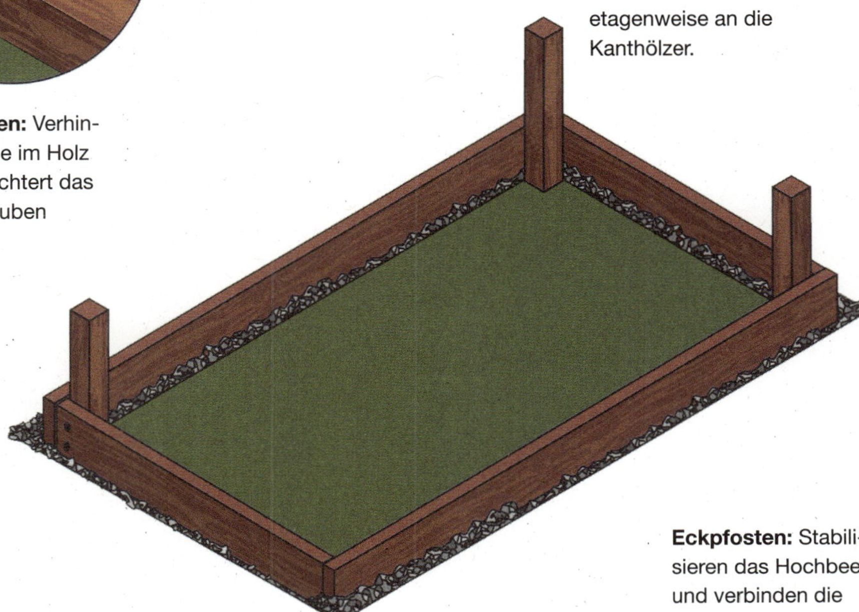

Bauanleitung

Step 3: Schutzgitter einlegen

Lege auf den vorbereiteten Untergrund ein engmaschiges Schutzgitter. Es verhindert, dass Mäuse, Ratten oder Wühlmäuse von unten in das Hochbeet eindringen und die Wurzeln deiner Pflanzen schädigen. Achte darauf, dass das Gitter die gesamte Bodenfläche abdeckt und an den Rändern leicht nach oben gebogen ist. So entsteht ein lückenloser Schutz.

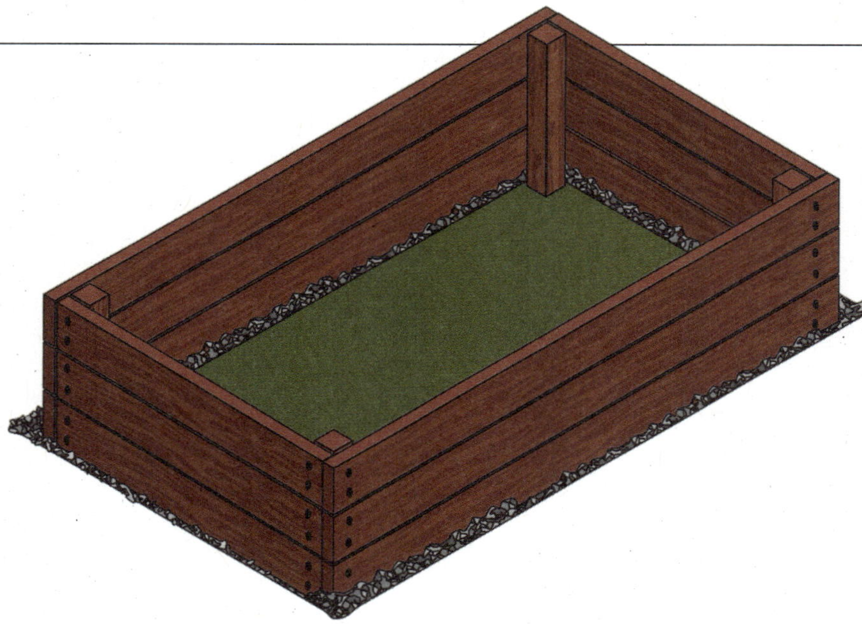

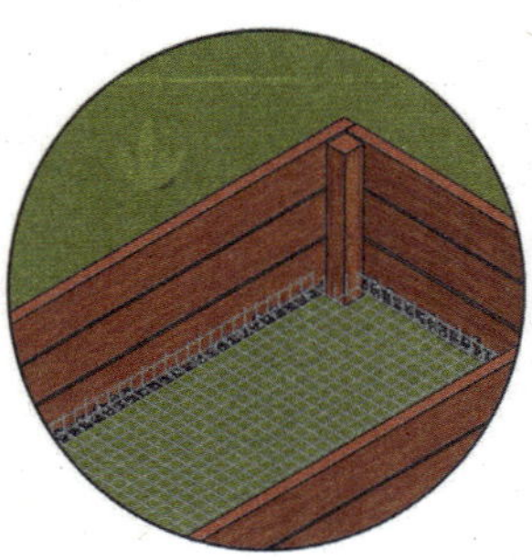

Schutz vor unerwünschten Besuchern: Das engmaschige Gitter verhindert, dass Tiere von unten ins Hochbeet gelangen. Die Maschenweite sollte nicht größer als 10×10 mm sein.

Step 4: Seitenwände mit Folie auskleiden

Kleide nun die Innenseiten des Hochbeets mit stabiler, wasserfester Folie aus. Sie schützt das Holz vor dauerhafter Feuchtigkeit und verlängert die Lebensdauer der Konstruktion deutlich. Befestige die Folie mit einem Tacker an den Seitenwänden und achte darauf, dass sie überall glatt anliegt. Lass die Folie unten etwa 5–10 cm über das Schutzgitter auf dem Boden ragen, damit die Erde möglichst keinen direkten Kontakt zum Holz hat.

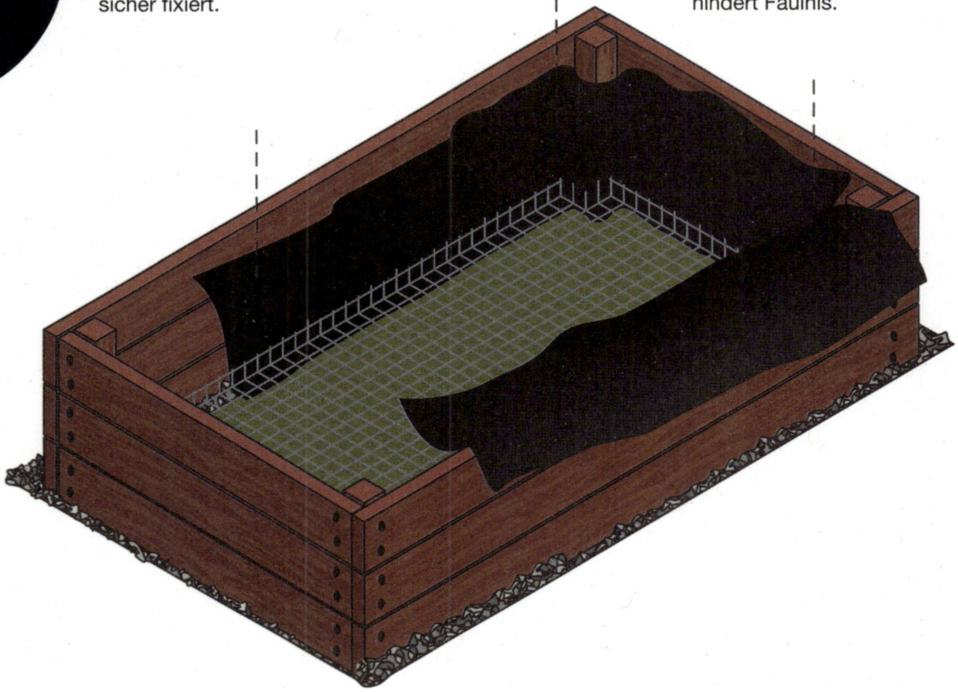

Bauanleitung

Step 5: Handlauf montieren

Schraube die vorbereiteten Bretter als Handlauf oben auf die Seitenwände des Hochbeets. Achte darauf, dass sie bündig mit den Ecken abschließen und fest verschraubt sind. Der Handlauf stabilisiert das Hochbeet zusätzlich, schützt die obere Kante vor der Witterung und erleichtert die Arbeit am Beet. Außerdem dient er als praktische Ablage für Handschaufel, Erntemesser oder Arbeitshandschuhe (→5a).

5a

Handlauf: Sieht nicht nur gut aus, sondern macht das Arbeiten angenehmer und sorgt für Stabilität. Ideal als Ablage für Kleingeräte

Individuell deins

Handlauf de luxe

Wenn du magst, kannst du den Handlauf ganz glatt abschleifen und mit einer bunten Farbe oder wetterfesten Lasur streichen – so wird er zum Hingucker und bleibt länger schön.

Füllen und pflanzen

Nachdem das Hochbeet mit den verschiedenen Schichten aus grobem Material, Kompost und hochwertiger Pflanzerde gefüllt ist, kannst du sofort mit dem Setzen der ersten Jungpflanzen oder mit der Aussaat beginnen. Durch die Wärmeentwicklung im Inneren wachsen die Pflanzen besonders schnell an, und schon bald zeigt sich das Beet als grüne, ertragreiche Oase.

Experten-Tipp
Zeitsparen mit Jungpflanzen
Im Frühjahr gibt es auf dem Markt oder im Gartencenter von vielen Gemüsen vorgezogene Jungpflanzen. Sie wachsen im Hochbeet schnell weiter und du kannst viel eher ernten als bei ausgesäten Exemplaren.

Ergebnis

Bereits wenige Wochen nach dem Anlegen kannst du die ersten Gemüsepflanzen ernten und dich über die frische Vielfalt aus dem eigenen Hochbeet freuen. Dank der guten Bodenerwärmung und der Nährstofffülle wachsen die Pflanzen kräftig und bringen einen besonders frühen und reichen Ertrag.

Geeignete Gemüse

→ Tomaten – brauchen viel Dünger und Wärme, ideal für sonnige Hochbeete.
→ Mangold – robust und dekorativ, wächst über Monate hinweg nach.
→ Buschbohnen – pflegeleicht und produktiv, ideal für den Hochbeetrand.
→ Kohlrabi – wächst schnell und nimmt wenig Platz ein.
→ Salat (z. B. Pflücksalat) – ideal für die erste oder Zwischenkultur.
→ Radieschen – schnell wachsend, perfekt für Zwischenräume.
→ Lauchzwiebeln – brauchen wenig Platz und lassen sich gut dazwischen setzen.
→ Rote Bete – wächst zuverlässig und lässt sich lange ernten.

Noch mehr Paletten-Ideen

Europaletten

Europaletten sind echte Multitalente im Garten. Sie sind günstig, robust, genormt – und damit ideal geeignet für kreative DIY-Projekte. Als Basis für Hochbeete bieten sie viele Vorteile: Sie lassen sich leicht kombinieren, kürzen, stapeln oder durch zusätzliche Holzlatten ergänzen.

Beim Material solltest du auf Qualität achten: Nur hitzebehandelte Paletten mit HT-Stempel (heat treated) sind für den Einsatz im Garten geeignet. Paletten mit chemischer Behandlung (MB für Methylbromid) sollten keinesfalls verwendet werden.

→ **Seitenflächen:** Die Seiten von Paletten können einfach bepflanzt werden. Kleine Pflanztaschen oder Vlies-Einsätze machen aus den Zwischenräumen Mini-Beete für Erdbeeren, Kräuter oder Salate.

Palettenaufsätze

Wer ein stabiles Hochbeet ohne viel Bauaufwand errichten möchte, ist mit Palettenaufsatzrahmen bestens beraten. Ursprünglich für den Schutz der Güter beim Transport von Waren entwickelt, bieten diese genormten Holzelemente eine ideale Grundlage für modulare Beete. Die Rahmen sind stapelbar, lassen sich unkompliziert verschrauben oder mit Winkeln fixieren – ganz nach gewünschter Höhe und geplantem Einsatzzweck. Besonders

Transportkistenaufsätze sind eine einfache und geniale Möglichkeit, Hochbeete zu bauen.

Mehr Fläche: In die Seiten der Europaletten kann man z. B. Kräuter und Erdbeeren pflanzen.

praktisch: Die Palettenrahmen haben bereits stabile Eckverbindungen, die für zusätzliche Standfestigkeit sorgen.

Das Standardmaß beträgt 80 cm Breite bei einer Länge von 120 cm, entsprechend der Größe einer Europalette und einer Grundfläche von etwa einem Quadratmeter. Die Höhe eines Rahmens beträgt 20 cm, sodass man sie einzeln als niedrige Einfassung, oder flexibel hohe Hochbeete mit einer Höhe von 20, 40, 60 oder 80 cm verwenden kann.

→ **Individuell:** Die Gestaltungsmöglichkeiten sind vielfältig. Ob naturbelassen für den rustikalen Look oder farbig gestrichen als Hingucker – mit wenig Aufwand entsteht ein funktionales Beet, das sich auch optisch gut ins Gartenbild einfügt.

→ **Holzschutz:** Wer möchte, kann die Innenseiten mit Folie auskleiden, um das Holz vor dauerhafter Feuchtigkeit zu schützen.

→ **Flexibel:** Auch bei temporärer Nutzung, etwa auf gepachtetem Boden oder in Gemeinschaftsgärten, punkten Palettenaufsätze: Sie lassen sich einfach zerlegen und bei Bedarf mitnehmen oder versetzen. Ein idealer Einstieg für alle, die flexibel und ressourcenschonend gärtnern möchten – und sofort loslegen möchten.

Spaliere

Spaliere ermöglichen vertikales Gärtnern im Hochbeet. Ob klassisch aus Holzleisten, modern aus Metall oder als einfaches Drahtgeflecht: Spaliere lassen sich individuell an die Beetgröße und Bepflanzung anpassen.

Ideal eignen sich Spaliere für rankende Pflanzen wie Erbsen, Stangenbohnen, Zucchini oder Mini-Kürbisse. Auch Tomaten profitieren von einem stabilen Rankgerüst. Achte darauf, dass das Spalier nicht zu hoch wird – denn die Höhe des Beets kommt ja noch dazu. Die oberen Bereiche sollten noch bequem erreichbar sein.

Gemüse wie Bohnen, Zucchini oder Erbsen finden an einem Rankgerüst halt.

Hochbeet mit Klappe

Ein klassisches Hochbeet punktet schon durch die angenehme Arbeitshöhe und die lockere Erde, die das Wachstum vieler Gemüsearten begünstigt. Mit einer seitlichen Klappe wird es noch vielseitiger. Diese Konstruktion eignet sich vor allem für den Anbau von Wurzelgemüse wie Kartoffeln, Süßkartoffeln oder Yacón. Statt mühsam zu graben, lassen sich die Knollen durch die Klappe ganz leicht herausnehmen. So kannst du einfach ernten, ohne umständlich von oben tief im Hochbeet zu graben.

Die Klappe wird einfach mit einem Sturmhaken fixiert. So kann das Hochbeet bei Bedarf geöffnet werden.

Vlies zur Abdeckung

Ein Gartenvlies ist eines der nützlichsten Zubehörteile fürs Hochbeet. Es ist leicht, flexibel und schützt deine Pflanzen vor Frost, Wind und Schädlingen. Gleichzeitig ist es luft- und wasserdurchlässig, sodass Regen und Gießwasser es durchdringen können und sich kein Hitzestau bildet. Im Gartenfachhandel gibt es zwei unterschiedliche Arten von Vlies:

Eine seitliche Klappe erleichtert die Ernte von Kartoffeln oder Süßkartoffeln.

→ **Weißes Vlies:** Der Klassiker im Gartenbau. Es ist lichtdurchlässig und ideal für die Anzucht von Gemüse im Frühjahr. Es hält die Temperatur im Beet gleichmäßig und schützt zuverlässig vor Kälteeinbrüchen oder Hagel. Auch im Sommer lässt es sich verwenden, um Salat und andere Kulturen vor starker Sonneneinstrahlung zu schützen.

→ **Braunes Vlies:** Speziell für den Einsatz im Herbst gedacht. Es erwärmt sich bei Sonneneinstrahlung schneller und speichert die Wärme länger, sodass deine Pflanzen auch bei sinkenden Temperaturen gut geschützt sind und wachsen können.

Vlies eignet sich für fast alle Kulturen, besonders für Radieschen, Pflücksalat, Kohlrabi oder junge Tomaten. Wichtig ist, es locker über die Pflanzen zu legen, damit sie Platz zum Wachsen haben. Befestige die Ränder mit Brettern, Steinen oder Erdankern, damit es nicht wegweht.

Folientunnel

Ein Folientunnel macht dein Hochbeet im Handumdrehen zum Frühbeet oder Mini-Gewächshaus. Unter der transparenten Folie

Eine Abdeckung aus Vlies schützt Jungpflanzen vor Kälte im Frühjahr oder Herbst.

Weitere sinnvolle Extras

→ **Schneckenabwehr:** Spezielle Schneckenkragen oder Kupferbänder an den Hochbeetwänden verhindern, dass die Kriechtiere an dein Gemüse gelangen.

→ **Netze:** Ein Gemüseschutznetz hält Möhrenfliege, Kohlweißling und andere Schädlinge fern, ohne den Einsatz von Chemie.

→ **Abdeckungen:** Einfache Plexiglasplatten oder ein Holzrahmen mit Folie verwandeln dein Hochbeet in ein Mini-Gewächshaus, das auch in der kalten Jahreszeit nutzbar ist.

entsteht ein geschütztes Kleinklima mit höheren Temperaturen und gleichmäßiger Luftfeuchtigkeit. Das beschleunigt die Keimung, fördert das Wachstum und verlängert die Erntesaison deutlich. Besonders wärmeliebende Pflanzen wie Tomaten, Paprika, Gurken oder Zucchini profitieren davon.

Wichtig ist das richtige Lüften

→ **An sonnigen Tagen** kann sich die Luft unter der Folie schnell stark aufheizen. Öffne deshalb regelmäßig die Tunnelenden oder hebe die Folie an, damit überschüssige Wärme entweichen kann.

→ **Durch das Lüften** reduzierst du auch die Luftfeuchtigkeit – das beugt Pilzkrankheiten wie Mehltau oder Braunfäule vor.

→ **In kühleren Nächten** kannst du die Öffnungen wieder schließen, um die gespeicherte Wärme optimal zu nutzen.

Ein Folientunnel eignet sich nicht nur für die klassische Anzucht von Gemüse und Kräutern, sondern auch zum Kultivieren empfindlicherer Pflanzen wie Auberginen und Paprika, Basilikum oder Petersilie. Wer im Herbst Salat oder Spinat aussät, profitiert ebenfalls von den schützenden Eigenschaften.

Ein Folientunnel verlängert die Anbau- und Erntesaison im Hochbeet zusätzlich.

Holz #2
Frühbeetaufsatz

Der Aufsatz aus Holz ist schnell gebaut: Er verlängert die Hochbeet-Saison indem er im Frühjahr und Herbst vor Kälte schützt.

Checkliste

Einfach oder anspruchsvoll?
→ einfach → nur 5 Schritte

Zeitaufwand
→ 1 Stunde

Besonderheiten
→ flexibel in der Höhe
→ kann auch wieder abgebaut werden

Machen
→ Rahmen zusammenbauen
→ Folie antackern
→ Scharniere anschrauben

Werkzeuge
→ Grundausrüstung (→ Seite 8)
→ Tacker und Klammern

Material
→ Palettenaufsatzrahmen, 120 × 80 cm, 20 cm hoch, je nach gewünschter Höhe; 1 oder 2 Stück
→ 2 Holzlatten (200 × 4 × 2 cm)
→ 4 Metallwinkel, 20 × 20 mm
→ 30 Spax-Schrauben
→ 2 Scharniere
→ Gartengitterfolie, ca. 130 × 90 cm

Ideal für
→ Anzucht von Jungpflanzen und Kräutern
→ Abhärten von Jungpflanzen
→ Schutz vor Spät- oder Frühfrösten

Bauanleitung

Bau deinen Frühbeetaufsatz

Step 1: Material bereitlegen

Für den Bau des Frühbeetaufsatzes benötigst du einen Palettenrahmen, eine stabile Folie sowie einige Holzleisten. Der Palettenrahmen dient als Grundgerüst, die Folie sorgt für Schutz und Wärmespeicherung, während die Leisten später die Folie fixieren. Lege dir alle Materialien und Werkzeuge wie Säge, Tacker, Cuttermesser und Schrauben griffbereit zurecht – so kannst du Schritt für Schritt zügig arbeiten.

Alles parat: Palettenrahmen, Folie und Holzleisten bilden die Basis für den Frühbeetaufsatz.

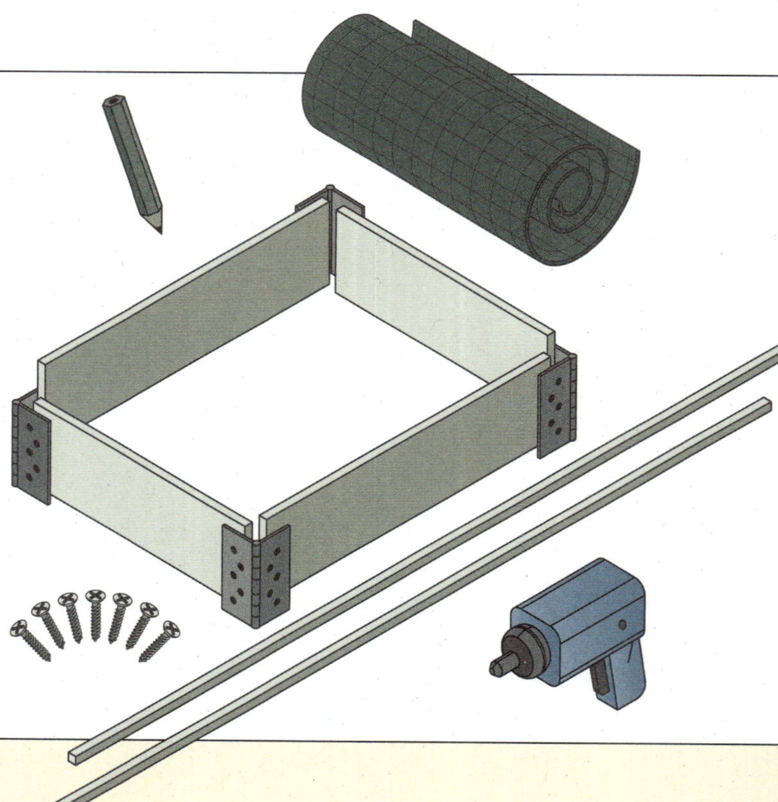

Step 2: Rahmenleisten zuschneiden

Säge die Holzleisten passend zur Länge (120 cm) und Breite (80 cm) des Palettenrahmens zu. Sie werden später als Halterung für die Folie benötigt. Achte darauf, die Leisten möglichst exakt zuzusägen, damit sie später bündig abschließen und der Aufsatz stabil wird.

Zusägen: Die Holzleisten werden mit einer Handsäge auf die passende Länge zugeschnitten.

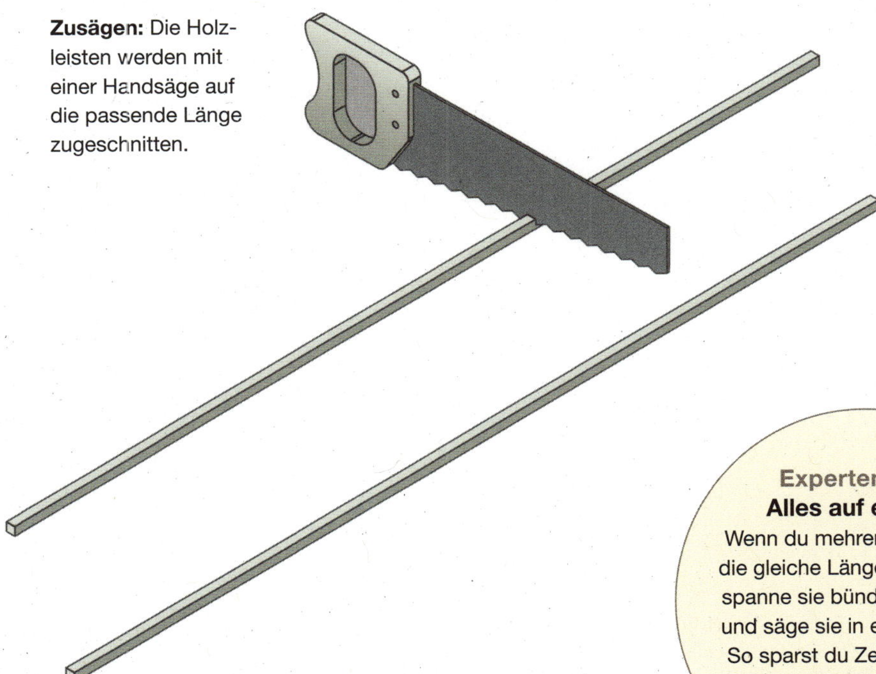

Experten-Tipp
Alles auf einmal?
Wenn du mehrere Leisten auf die gleiche Länge sägen willst, spanne sie bündig zusammen und säge sie in einem Rutsch. So sparst du Zeit – und ganz nebenbei werden alle Stücke exakt gleich lang.

Bauanleitung

Step 3: Rahmen verbinden

Verbinde die zugeschnittenen Leisten mithilfe von Eckwinkeln zu einem stabilen Rechteckrahmen. Achte darauf, die Schrauben zunächst nur leicht einzudrehen und noch nicht festzuziehen – so lassen sich kleine Ungenauigkeiten ausgleichen. Erst wenn alle vier Ecken miteinander verbunden sind, werden die Schrauben gleichmäßig festgezogen (→3a). Auf diese Weise verzieht sich der Rahmen nicht und bleibt exakt im Winkel.

Eckwinkel und Schrauben: Die zugeschnittenen Leisten werden zu einem stabilen Rahmen verbunden.

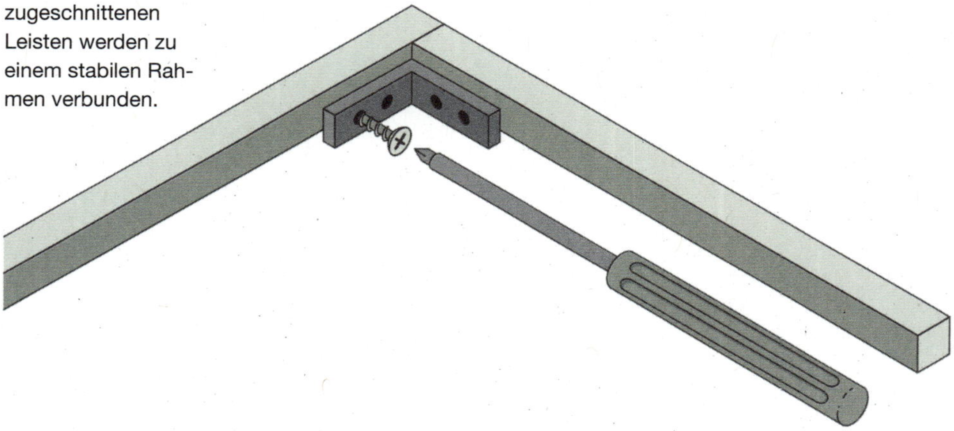

3a

Step 4: Folie antackern und zuschneiden

Spanne die vorbereitete Folie über den Rahmen und befestige sie mit einem Handtacker. Beginne an einer Seite und arbeite dich gleichmäßig rundum vor, damit die Folie straff sitzt. Achte darauf, dass keine Falten entstehen, damit die Abdeckung später gut abschließt. Überstehende Folienreste werden zum Schluss mit einem scharfen Cutter sauber abgeschnitten (→4a).

Erst tackern, dann schneiden: Folie straff über den Rahmen spannen, festtackern und den Überstand mit einem Cutter entfernen.

4a

Bauanleitung

Step 5: Abdeckrahmen an den Kasten anschrauben

Setze den vorbereiteten Abdeckrahmen auf den Palettenrahmen und richte ihn bündig aus. Befestige den Rahmen mit Scharnieren (→5a), damit er sich später leicht öffnen und schließen lässt. Achte darauf, dass die Folie straff sitzt und keine Spalten offen bleiben – so bleibt das Innenklima gleichmäßig und deine Pflanzen sind optimal geschützt.

Abdeckrahmen mit Scharnieren am Kasten fixieren: So entsteht ein aufklappbarer Frühbeetaufsatz.

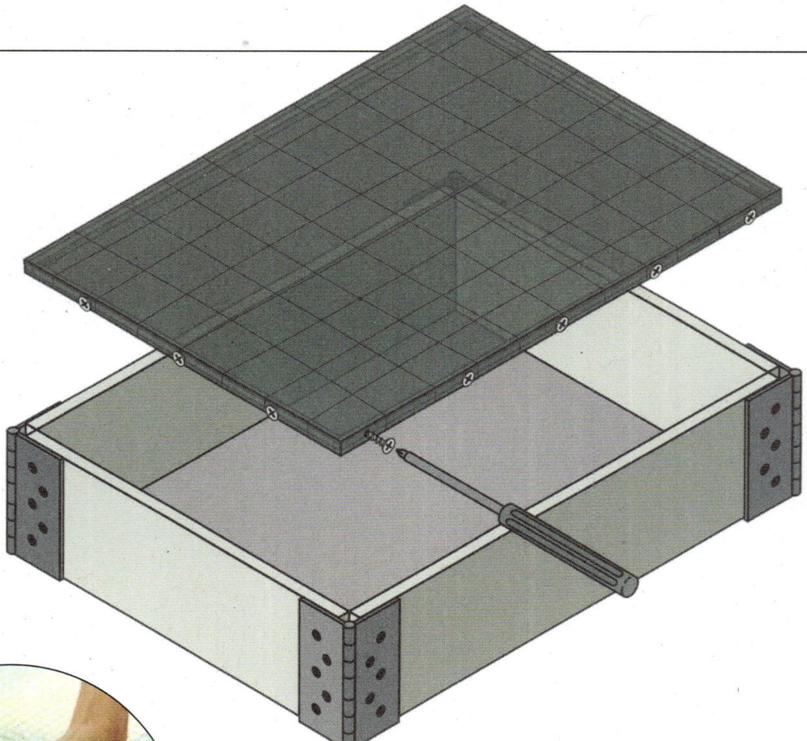

5a

Ergebnis

Mit dem fertigen Frühbeetaufsatz verwandelst du dein Hochbeet in ein kleines Gewächshaus. Unter der Folienabdeckung entsteht ein geschütztes Kleinklima, in dem Pflanzen schneller wachsen und empfindliche Kulturen sicher durch kühle Nächte kommen. So hast du das ganze Jahr über frisches Gemüse direkt aus dem Hochbeet – geschützt, ertragreich und in angenehmer Arbeitshöhe.

Besonders gut geeignet sind:

→ Frühe Salate, Radieschen und Kohlrabi – ideal im zeitigen Frühjahr.
→ Kräuter wie Petersilie oder Dill profitieren vom gleichmäßigen Klima.
→ Wärmeliebende Sommergemüse wie Tomaten, Gurken oder Paprika.
→ Herbstliche Blattgemüse wie Spinat, Feldsalat und Asia-Salate – für eine verlängerte Erntezeit.

Experten-Tipp
Lüften
Unter der Abdeckung kann es bei Sonnenschein schnell warm werden. Hebe die Klappe daher am Morgen an und fixiere sie mit einem Stück Holz oder Stab, damit es darunter nicht zu heiß wird.

Der Frühbeetaufsatz ist ein echtes Multitalent:

Er lässt sich nicht nur auf ein Hochbeet setzen, sondern ebenso gut direkt im Garten auf einem normalen Beet verwenden. So kannst du ihn flexibel dort einsetzen, wo er gerade gebraucht wird – ob zur frühen Aussaat im Frühjahr, zum Schutz empfindlicher Jungpflanzen oder zur Verlängerung der Erntezeit im Herbst. Auf dem Hochbeet bietet er den Vorteil, dass du zusätzlich in bequemer Arbeitshöhe gärtnern kannst. Auf dem Grundbeet eingesetzt, verwandelt er auch kleinere Gemüseflächen in ein geschütztes Mini-Gewächshaus. Dank seines leichten Rahmens lässt er sich bei Bedarf schnell umstellen, öffnen oder entfernen – ganz nach Saison, Wetterlage und Kultur.

Holz #3 Pyramidenhochbeet

Ein Pyramidenhochbeet ist ideal für die Kultur von Kartoffeln, die dank der Konstruktion leicht geerntet werden können.

Checkliste

Einfach oder anspruchsvoll?
→ einfach → nur 5 Schritte

Zeitaufwand
→ 3 Stunden

Besonderheiten
→ flexibel in Form und Größe
→ kann auch wieder abgebaut werden

Machen
→ Untergrund vorbereiten
→ Bretter zusägen

Machen lassen
→ Schneckenzaun als Einfassung (optional)

Werkzeuge
→ Grundausrüstung (→ Seite 8)
→ Wasserwaage

Material
→ Holzbretter, je nach Größe des Beets, hier
4 × 120 cm
4 × 100 cm
4 × 80 cm
4 × 60 cm
4 × 40 cm
insgesamt 8 Bretter à 200 cm lang, 15 cm breit, 2 cm dick
→ Eisenhammer zum Einhauen der Nagelstifte
→ Spaxschrauben (8 pro Rahmen)

Ideal für
→ Kartoffeln, Süßkartoffeln, Yacón, Erdbeeren

Bauanleitung

Bau dein Pyramidenhochbeet

Step 1: Bretter zuschneiden

Schneide die Holzbretter für die einzelnen Etagen der Pyramide passend zu. Achte dabei auf die unterschiedlichen Längen der Seitenteile – je kleiner die Etage, desto kürzer die Bretter. Damit später beim Zusammenbau alles passt, lohnt es sich, die zugeschnittenen Teile nach Etagen zu ordnen.

Bretter zuschneiden: Die Seitenteile für jede Etage müssen unterschiedliche Längen haben.

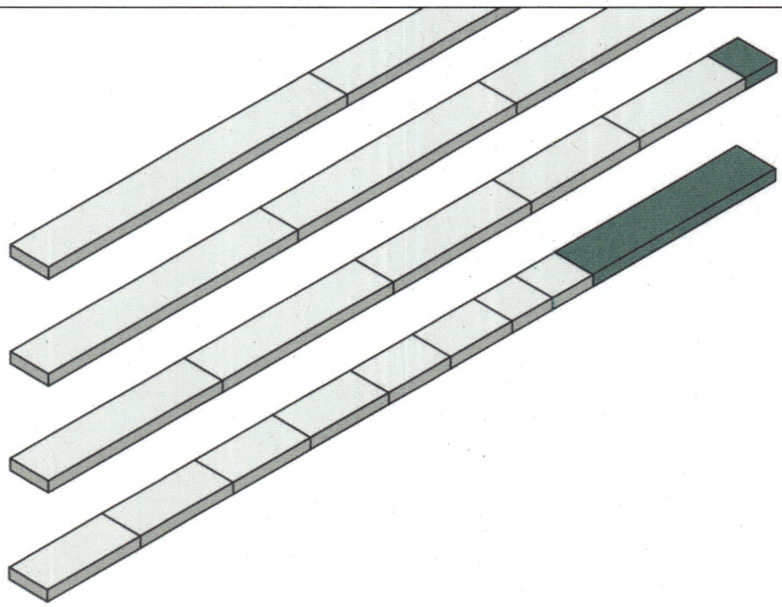

Step 2: Rahmen zum Zusammenbau nach Größe sortieren

Sortiere die zugeschnittenen Bretter nach der Größe und verschraube sie zu quadratischen Rahmen. Beginne mit dem größten Quadrat für die Basis und arbeite dich schrittweise bis zum kleinsten Rahmen nach oben. Bohre die Schraublöcher am besten vor – so verhinderst du, dass das Holz reißt, und der Aufbau gelingt stabiler und sauberer (→2a).

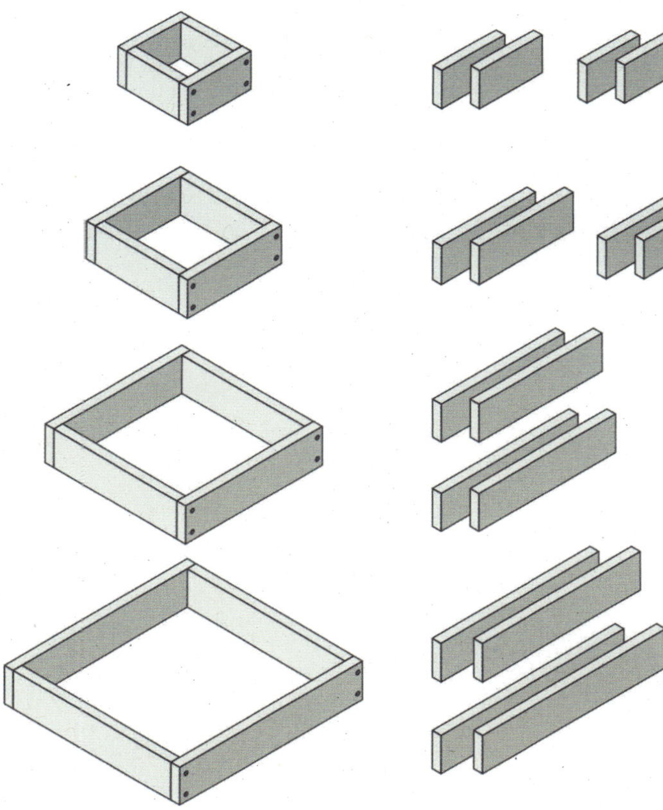

Rahmen ordnen: Aus den zugeschnittenen Brettern entstehen verschieden große Quadrate für den Pyramidenaufbau.

2a

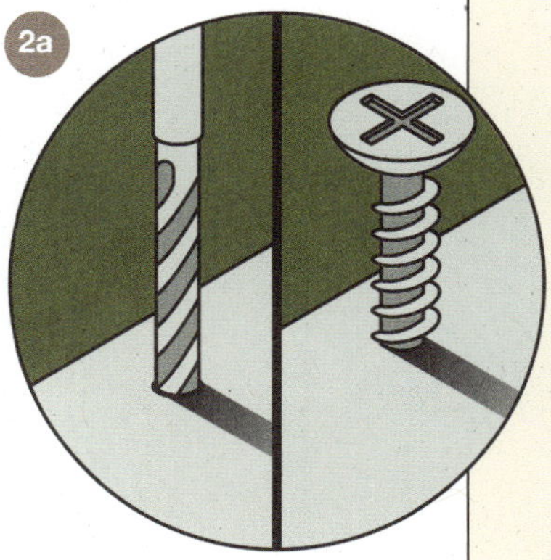

Bauanleitung

Step 3: Rahmen bauen

Verschraube die vorbereiteten Bretter zu stabilen Quadraten. Für zusätzliche Stabilität können innen kleine Leisten angebracht werden, die die Ecken verstärken. So entsteht nach und nach die Basis für die einzelnen Ebenen der Pyramide.

Rahmen bauen: Die Bretter zu Quadraten verschrauben und auf Wunsch Leisten zur Stabilisierung einsetzen.

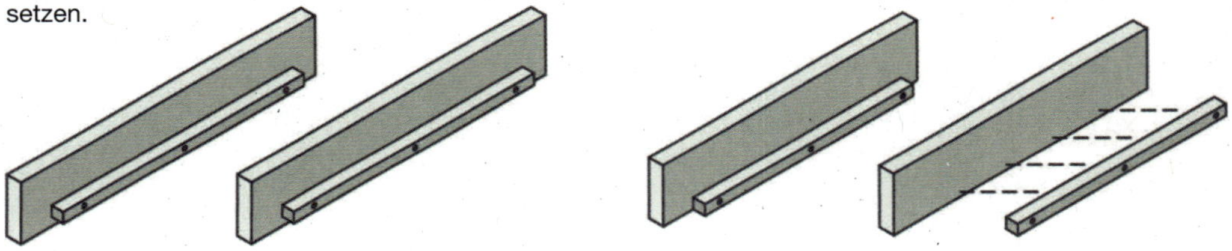

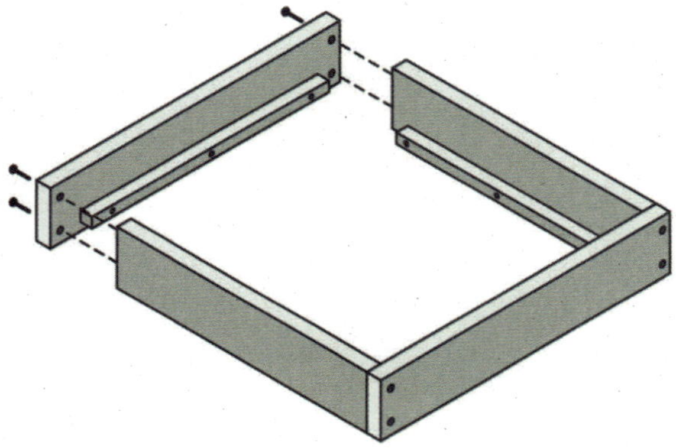

Experten-Tipp
Mit Leim fixieren
Fixiere die Bretter vor dem Verschrauben mit etwas Holzleim – so verrutschen sie nicht, und du kannst sie leichter exakt zusammensetzen.

Step 4: Rahmen zur Pyramide stapeln und fixieren

Setze die fertigen Quadrate aufeinander, beginnend mit dem größten Rahmen unten. Damit die Etagen stabil übereinanderhalten, kannst du Nägel verwenden: Schneide den Kopf mit einer Zange ab (→4a) und schlage den Nagel auf die Unterseite in den Rahmen ein (→4b). So entsteht ein stabiler Stift, auf den der nächste Rahmen aufgesetzt und festgedrückt wird. Auf diese Weise lassen sich die einzelnen Ebenen sicher fixieren, ohne dass zusätzliche Winkel nötig sind.

4a

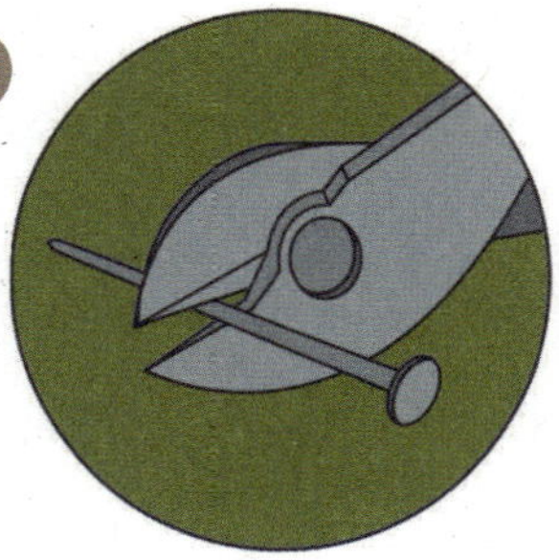

Fixieren mit Nägeln:
Ein Stück des Nagels (oder nur der Kopf) wird abgekniffen, um einen Stift zum Fixieren zu erhalten.

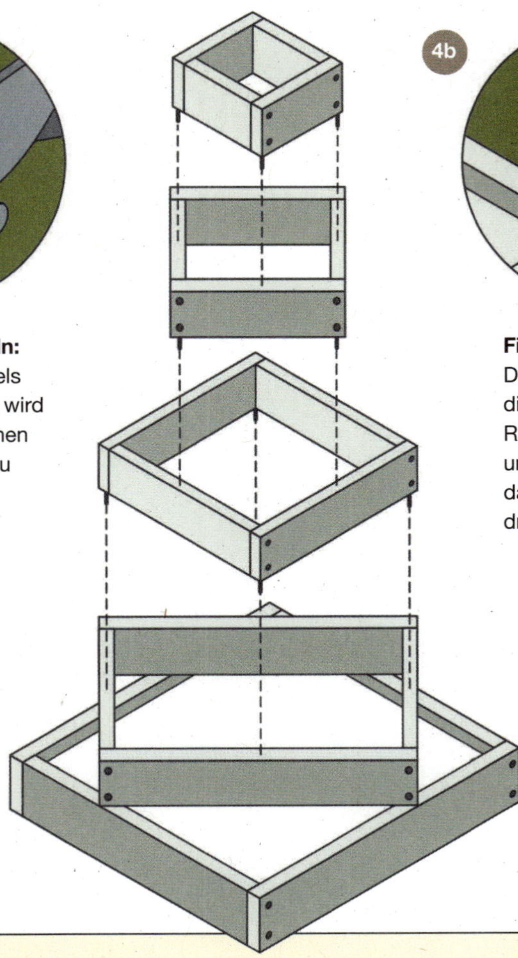

4b

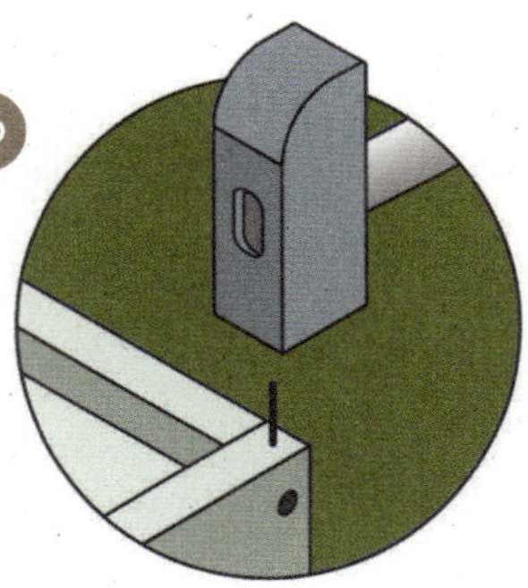

Fixieren mit Nägeln:
Die Nagelstifte in die Unterseite des Rahmens einschlagen und die nächste Etage daraufsetzen und festdrücken.

Rahmen stapeln:
Die vorbereiteten Quadrate mittig übereinander setzen und fixieren.

Bauanleitung

Step 5: Befüllen und bepflanzen

Fülle das Pyramidenhochbeet schichtweise mit einer geeigneten Hochbeeterde oder einer klassischen Blumenerde aus torffreiem Substrat oder mit einer Mischung aus Kompost und Gartenerde. Achte darauf, die einzelnen Ebenen gleichmäßig zu befüllen, damit die Pflanzen später optimale Bedingungen vorfinden. Jede Etage bietet eigene Standortvorteile: Unten ist es feuchter und nährstoffreicher, oben trockener und wärmer.

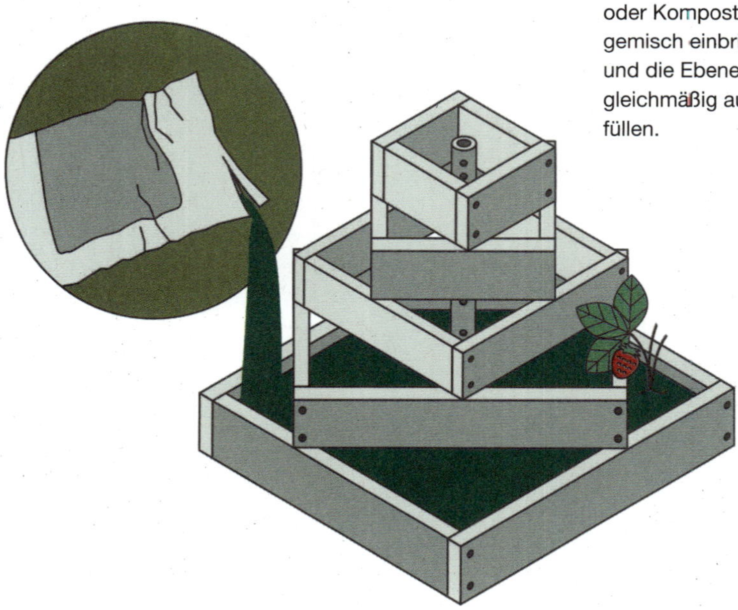

Schichtweise befüllen: Pflanzerde oder Kompost-Erdgemisch einbringen und die Ebenen gleichmäßig auffüllen.

Tipp

Ein Pyramidenhochbeet eignet sich auch hervorragend für den Anbau von Kartoffeln. Die gestufte Bauweise ermöglicht es, die Pflanzen nach und nach mit Erde zu bedecken, also anzuhäufeln, sodass sich an den Stängeln immer neue Knollen bilden. Dadurch ist der Ertrag besonders hoch, selbst auf kleinem Raum.

So gehts:
- → In die unterste Ebene werden die ersten Saatkartoffeln gelegt und mit Erde bedeckt.
- → Sobald die Triebe etwa 15 cm hoch sind, wird weitere Erde eingefüllt, bis die Pflanzen gerade noch aus dem Boden schauen.
- → Diesen Vorgang wiederholt man beim Wachsen bis in die oberen Etagen.

Vorteile:
- → Die gestaffelte Form erleichtert das Nachfüllen von Erde und das Ernten.
- → Die Kartoffeln sind durch die erhöhte Lage weniger anfällig für Fäulnis.
- → Dank der Konstruktion lässt sich ohne großen Aufwand ernten: einfach die Rahmen vorsichtig anheben und Knollen entnehmen.

Geeignete Sorten:
- → Frühkartoffeln wie 'Annabelle' oder 'Sieglinde'
- → Mittelfrühe Sorten wie 'Nicola' oder 'Belana'
- → Für die späte Ernte bieten sich lagerfähige Sorten wie 'Linda' oder 'Bamberger Hörnchen' an.

Ergebnis

Das Pyramidenhochbeet überzeugt nicht nur durch seine markante Form, sondern auch durch die vielseitigen Pflanzmöglichkeiten. Jede Ebene bildet ein eigenes kleines Mikroklima: Unten bleibt es länger feucht und nährstoffreich, während die oberen Etagen schneller abtrocknen und sich durch ihre sonnige Lage erwärmen. So lassen sich auf engem Raum ganz unterschiedliche Gemüse, Kräuter und auch Obstpflanzen kombinieren. Die Staffelung macht die Pflege besonders komfortabel, und die Ernte wird erleichtert, da alle Pflanzen gut erreichbar sind.

Untere Ebene (feucht, nährstoffreich):
- → Salat, Mangold, Kohlrabi, Spinat, Petersilie

Mittlere Ebenen (ausgeglichen, sonnig-halbschattig):
- → Erdbeeren, Schnittlauch, Basilikum, Buschbohnen, Ringelblumen

Obere Ebene (trocken, warm, sonnig):
- → Thymian, Oregano, Rosmarin, Paprika, Tomaten

Diese Staffelung sorgt für ein abwechslungsreiches Bild und eine lange Erntesaison. Gleichzeitig fördert die Mischkultur die Bodengesundheit und verringert das Risiko, dass sich Krankheiten und Schädlinge ausbreiten können.

Holz #4 Balkonhochbeet

Hochbeet, Pflanzkasten und Sitzbank in einem: Dieses Mini-Hochbeet passt auch auf auf einen kleinen Stadtbalkon.

Checkliste

Einfach oder anspruchsvoll?
→ mittel → nur 5 Schritte

Zeitaufwand
→ 1 Tag

Besonderheiten
→ flexibel in Form und Größe
→ mit Möbelrollen auch mobil

Machen
→ Löcher vorbohren
→ Bretter verschrauben
→ Folie antackern

Machen lassen
→ Bretter zusägen (im Baumarkt)

Werkzeuge
→ Grundausrüstung (→ Seite 8)
→ Tacker und Klammern

Material
→ Holzbretter in den Maßen:
4 × 100 × 20 × 2,5 cm
4 × 40 × 20 × 2,5 cm
2 × 100 × 20 × 2,5 cm
1 × 100 × 5 × 2,5 cm
2 × 40 × 8 × 5 cm
14 × 35 × 7,5 × 2,5 cm
→ Spax-Schrauben (70–80 Stk.)
→ Teichfolie zum Abdichten (220 × 50 cm)

Ideal für
→ Duftkräuter wie Thymian, Oregano, Lavendel, Erdbeeren, Balkonblumen

Bauanleitung

Bau dein Balkonhochbeet

Step 1: Kasten zusammenschrauben und Bretter verbinden

Schraube die vorbereiteten Bretter seitlich, an den Stirnseiten und am Boden zu einem rechteckigen Kasten zusammen. Achte darauf, dass die Bretter sauber aneinanderliegen und im rechten Winkel verbunden werden. So erhält das Beet seine stabile Grundform. Auf dem Boden bleibt ein schmaler Spalt für den Wasserabzug offen.

Vorbohren, dann schrauben: Mit Schrauben werden die Bretter sicher verbunden.

Step 2: Innenseite mit Folie ausschlagen

Kleide den Kasten innen mit stabiler, wasserfester Folie aus, nachdem du die Ecken stabilisiert hast (→2a). Die Folie schützt das Holz vor dauerhafter Feuchtigkeit und verlängert die Lebensdauer des Beets erheblich. Tackere die Folie rundum an den Wänden fest und achte darauf, dass sie glatt anliegt und keine Falten wirft. Am Boden schlägst du die Folie etwas ein, und lässt den Schlitz, durch den das Wasser abfließen soll, frei. So wird Staunässe verhindert, die die Pflanzenwurzeln faulen lässt.

2a

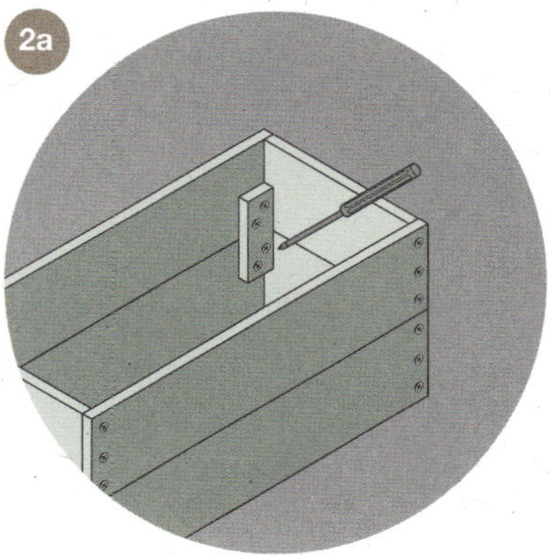

Winkel stabilisieren:
Innen kannst du die Bretter zusätzlich mit kleinen, rechtwinkligen Holzstücken in den Ecken fixieren, damit der Kasten seine Form behält und stabil ist.

Innenwände mit Folie verkleiden:
Das schützt das Holz und sorgt dafür, dass die Bretter lange halten.

Bauanleitung

Step 3: Sitzfläche bauen

Schraube die beiden Kanthölzer für die Zwischenkonstruktion in den Kasten. Achte darauf, dass die Bretter, die darauf geschraubt werden, dicht nebeneinander liegen und keine größeren Lücken entstehen. So entsteht eine stabile, bequeme Ablagefläche, die sich vielseitig nutzen lässt – als Sitzgelegenheit, kleine Arbeitsfläche beim Gärtnern oder zum Abstellen von Töpfen und Gießkanne. Zum Schluss kannst du die Holzoberfläche mit Schleifpapier glätten und bei Bedarf mit einem wetterfesten Öl oder einer Lasur behandeln.

Kanthölzer als Basis: Einsetzen und fest verschrauben – sie geben dem Hochbeet Stabilität und tragen später die Sitzfläche.

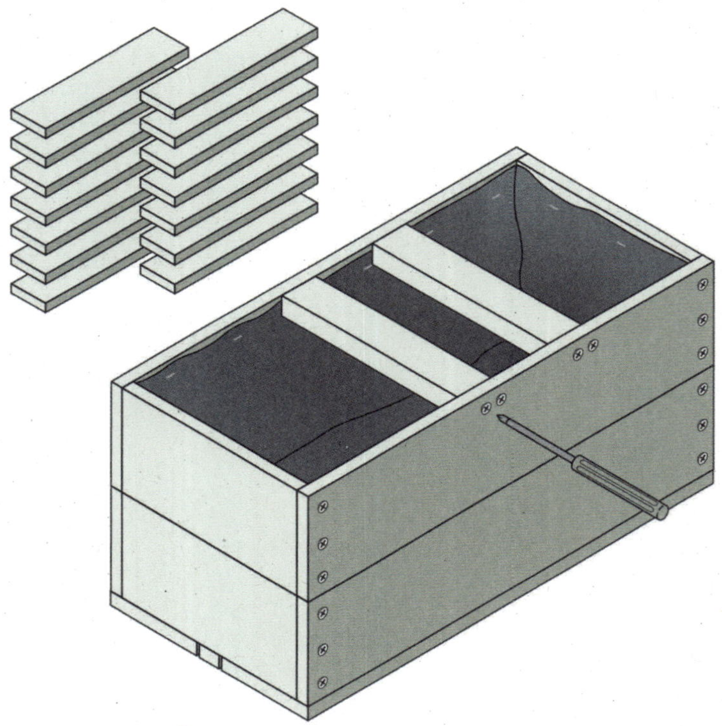

Individuell deins
Rollen für mehr Flexibilität

Montiere unter deinem Balkonhochbeet stabile Möbelrollen. So kannst du es bei Bedarf einfach verschieben – zum Beispiel, um mehr Sonne einzufangen, windgeschützter zu stehen oder den Boden darunter zu reinigen. Achte darauf, Rollen mit Feststellbremse zu wählen, damit das Beet sicher an seinem Platz bleibt.

Sitzfläche bauen: Bretter dicht nebeneinanderlegen und fest verschrauben, sodass eine robuste, ebenmäßige Ablage entsteht, die als Sitz- oder Arbeitsfläche genutzt werden kann.

Ergebnis

Das mobile Balkonhochbeet kombiniert Pflanzraum und Sitzgelegenheit in einem. Es eignet sich perfekt für kleine Terrassen oder Balkone, wo jeder Quadratmeter sinnvoll genutzt werden soll. Das mobile Balkonhochbeet bietet dir nicht nur eine gemütliche Sitzgelegenheit, sondern auch reichlich Platz für frisches Grün. So hast du auf kleinem Raum eine abwechslungsreiche Mischung für die Küche und zugleich eine dekorative Oase auf Balkon oder Terrasse.

Besonders gut geeignet sind:

→ Kräuter: Basilikum, Thymian, Oregano, Schnittlauch, Petersilie.

→ Salate: Pflücksalat, Rucola, Asia-Salate.

→ Gemüse: Radieschen, kleine Paprika- oder Chilipflanzen, Cocktailtomaten.

→ Blütenpflanzen: Kapuzinerkresse, Ringelblumen oder essbare Blüten wie Veilchen als Farbtupfer.

Kräuter im Hochbeet

Küchenkräuter

Küchenkräuter sind die praktischen Alltagshelfer im Hochbeet. Sie wachsen schnell, lassen sich unkompliziert pflegen und liefern fast das ganze Jahr über frisches Grün für Suppen, Soßen, Salate oder Brotbeläge. Die meisten Arten bevorzugen humusreiche, gleichmäßig feuchte Erde und einen sonnigen bis halbschattigen Standort. Sie vertragen sich gut in Mischpflanzungen und sind auch für Anfänger bestens geeignet. Da viele Küchenkräuter regelmäßig beerntet werden, regen Schnitt und Nutzung das Wachstum sogar zusätzlich an.

Fürs Hochbeet geeignet sind:

→ **Petersilie:** zweijährig (blüht erst im 2. Jahr), liebt nährstoffreiche, feuchte Erde; darf nicht austrocknen.

→ **Schnittlauch:** ausdauernd, unkompliziert, braucht viel Wasser; verträgt Halbschatten.

→ **Kerbel:** schnell wachsend, bevorzugt eher kühle und schattige Lagen.

→ **Dill:** einjährig, wächst rasch, mag sonnige Plätze und lockere Erde.

→ **Liebstöckel (Maggikraut):** mehrjährig, starkwüchsig, mag nährstoffreiche, feuchte Erde.

→ **Sauerampfer:** mehrjährig, treibt früh im Jahr aus, liebt feuchte, nährstoffreiche Erde und bringt eine angenehm säuerliche Note in Salate oder Suppen.

Mediterrane Kräuter

Diese Kräuter stammen ursprünglich aus den sonnenverwöhnten Regionen rund ums Mittelmeer. Entsprechend lieben sie Wärme, Trockenheit und viel Licht. Mediterrane Kräuter sind besonders aromatisch, wenn sie in eher magerer, durchlässiger Erde wachsen und nicht zu stark gegossen werden. Staunässe vertragen sie überhaupt nicht, weshalb sie im Hochbeet mit seiner guten Drainage ideale Bedingungen finden. Ihre dekorativen Blätter und Blüten sind zudem ein optisches Highlight und locken zahlreiche Insekten an.

Fürs Hochbeet geeignet sind:

→ **Rosmarin:** immergrün, liebt volle Sonne und trockene Böden, nicht frosthart in kalten Regionen.

→ **Thymian:** mehrjährig, mag es heiß und trocken, entwickelt dann besonders intensive Aromen.

→ **Oregano:** wärmeliebend, ausdauernd, aromatisch, perfekt für sonnige Hochbeete.

→ **Salbei:** trockenheitsverträglich, lockt Hummeln und andere Insekten an.

→ **Lavendel:** liebt Sonne, mageren Boden und trockene Standorte – zugleich Bienenmagnet.

Teekräuter

Teekräuter sind nicht nur nützlich, sondern auch ein Genuss für die Sinne: Ihr Duft, ihre ätherischen Öle und ihre wohltuende Wirkung machen sie zu unverzichtbaren Begleitern im Garten. Sie lassen sich frisch aufbrühen oder trocknen, um im Winter Vorrat zu haben. Viele Teekräuter wie Pfefferminze oder Zitronenmelisse wachsen kräftig, andere wie Zitronenverbene oder Ysop benötigen etwas mehr Aufmerksamkeit. Alle gedeihen im Hochbeet besonders gut, da die Erde sich rasch erwärmt und die Pflanzen so optimal wachsen können.

Fürs Hochbeet geeignet sind:

→ **Pfefferminze:** starkwüchsig, liebt halbschattige, feuchte Plätze; breitet sich über Ausläufer aus.

→ **Melisse:** unkompliziert, bevorzugt sonnige bis halbschattige Plätze, wächst ausdauernd.

→ **Zitronenverbene:** frostempfindlich, braucht Sonne und Wärme; im Kübel überwinterbar.

→ **Kamille:** einjährig, liebt sonnige Plätze und lockeren Boden, wirkt beruhigend.

→ **Ysop:** mehrjährig, liebt sonnige, trockene Standorte, auch dekorativ mit blauen Blüten.

Stein als Bau- material

Ein Hochbeet aus alten Ziegelsteinen wirkt lebendig und individuell und bringt Wärme in den Garten.

Ziegel

Ziegelsteine und Klinker gehören zu den ältesten Baustoffen überhaupt und überzeugen durch ihre warme, lebendige Ausstrahlung. Sie speichern tagsüber Wärme und geben sie nachts wieder ab, was vielen Pflanzen zugutekommt. Besonders reizvoll wirken alte, wiederverwendete Ziegel mit schöner Patina – sie verleihen dem Hochbeet einen individuellen, rustikalen Charme. Durch ihre handliche Form sind Ziegel leicht zu verarbeiten und eignen sich auch für geschwungene Formen. Wer Wert auf Nachhaltigkeit legt, setzt auf gebrauchte Steine aus Abbruchhäusern oder vom Baustoffhandel.

→ **Vorteil:** natürliche Ausstrahlung, gute Wärmespeicherung.
→ **Nachteil:** nicht so langlebig wie Naturstein oder Beton, kann bei Dauerfeuchtigkeit verwittern.
→ **Individuell:** alte, wiederverwendete Ziegel sind nachhaltig und einzigartig.

Naturstein

Naturstein steht für Dauerhaftigkeit und zeitlose Eleganz. Ob Granit, Sandstein oder Kalkstein – jedes Material bringt seine eigene Struktur und Farbe mit und macht dadurch jedes Hochbeet einzigartig.

→ **Sandstein:** warme Farben, eher weich, leicht zu bearbeiten, aber nicht so langlebig.
→ **Kalkstein:** hell, freundlich, mit charaktervoller Struktur, passt gut in mediterrane Gärten.
→ **Tuff:** porös, leicht, gut zu verarbeiten, hat eine warme Ausstrahlung.
→ **Granit:** sehr hart, langlebig, kühl und edel in der Wirkung.

Natursteine sind robust und fügen sich harmonisch in den Garten ein.

→ **Basalt:** dunkel, modern und robust, ideal für klare Formen.

Natursteine stehen für Ursprünglichkeit und Dauerhaftigkeit. Sie fügen sich harmonisch in naturnahe oder mediterrane Gärten ein. Durch ihre unregelmäßigen Formen entstehen lebendige Strukturen, die jedem Hochbeet eine unverwechselbare Optik geben. Zudem speichern sie Sonnenwärme und verbessern das Kleinklima.

→ **Vorteil:** extrem langlebig, zeitlos schön.
→ **Nachteil:** harte Gesteine schwer zu bearbeiten, nicht immer günstig.
→ **Optik:** passt ideal zu naturnahen Gärten und mediterranen Pflanzungen.

Beton

Beton ist ein modernes und sehr vielseitiges Baumaterial. Klare Linien, glatte Oberflächen und rechte Winkel verleihen Hochbeeten aus Beton eine schlichte, sachliche Optik, die vor allem in modernen Gärten zur Geltung kommt. Beton eignet sich auch hervorragend für große Beete oder Kombinationen mit Wasserbecken. Da dies eine Armierung (Verstärkung mit Stahlgittern im Innern) erfordert und ggf. eine statische Berechnung, sollte der Bau Profis überlassen werden.

→ **Vorteil:** langlebig, formstabil, pflegeleicht.
→ **Nachteil:** kühlere, nüchterne Wirkung, braucht gestalterisches Fingerspitzengefühl.
→ **XXL:** eignet sich auch für große, geradlinige Hochbeete oder Wasserbecken.

Weitere Möglichkeiten

→ **L-Steine:** Diese vorgefertigten Winkelsteine aus Beton eignen sich hervorragend, wenn du stabile, gerade Hochbeetwände möchtest. Sie sind sehr langlebig, aber auch schwer und wirken eher technisch.
→ **Fertigsteine/Pflanzsteine:** Im Handel gibt es Pflanzsteine und vorgeformte Betonelemente, die sich leicht stapeln lassen. Sie sind ideal, wenn du schnell ein Beet anlegen möchtest. Die Hohlräume können bepflanzt werden und geben dem Beet zusätzlich einen grünen Charakter.

Beton wirkt modern und geradlinig und passt besonders gut zu zeitgenössischer Gartengestaltung.

Stein #5
Hochbeet aus Ziegeln

Stein ist ein vielseitiger und dauerhafter Werkstoff, mit dem du im Garten vieles nach deinen Wünschen bauen kannst.

Checkliste

Einfach oder anspruchsvoll?
→ mittel → nur 5 Schritte

Zeitaufwand
→ 1 Tag

Besonderheiten
→ flexibel in Form und Größe
→ kann auch wieder abgebaut werden (wenn Ziegel trocken verlegt wurden)

Machen
→ Untergrund vorbereiten
→ Mauern/Ziegel legen

Machen lassen
→ Ziegel liefern lassen

Werkzeuge
→ Grundausrüstung (→ Seite 8)
→ Schnur und Pflöcke zum Markieren
→ Wasserwaage
→ Stampfer
→ Gummihammer zum Setzen der Steine
→ Eisenhammer zum Zurechthauen

Material
→ Steine, Ziegel, je nach Größe des Beets, hier 72 Ziegel
→ Kies oder Splitt

Ideal für
→ Alle Gemüse und Kräuter (mind. 6 Stunden Sonne pro Tag)

Bauanleitung

Bau dein Hochbeet aus Ziegeln

Step 1: Untergrund vorbereiten

Lege zunächst den Grundriss deines Hochbeets fest. Spanne dazu eine Schnur zwischen Pflöcken und markiere die Umrisse auf dem Boden – so hast du eine klare Orientierung für den weiteren Aufbau. Markiere die Fläche des geplanten Hochbeets und hebe den Untergrund etwa halbspatentief aus. Entferne Wurzeln, Steine und die Grasnarbe, damit die Fläche eben ist. Anschließend eine Schicht Schotter einfüllen und sorgfältig verdichten (→1a). Der Schotter sorgt für eine stabile Basis und verhindert, dass sich die Ziegel später absenken.

1a

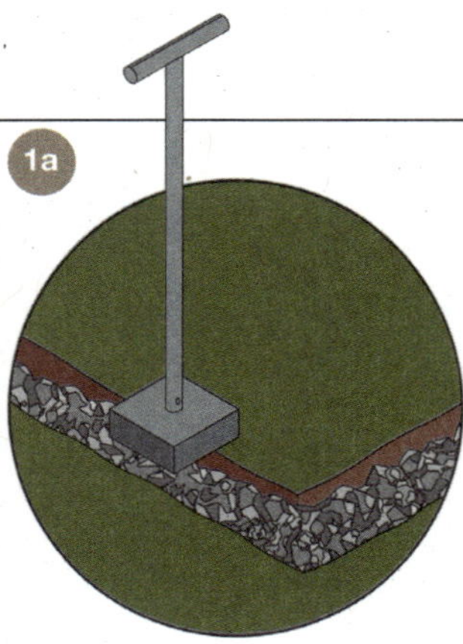

Vorbereitung: Den Untergrund ausheben, mit Schotter auffüllen und gründlich verdichten – so entsteht eine stabile Basis für die Ziegel.

Step 2: Erste Lage: Das Fundament schichten

Beginne mit der ersten Steinreihe und achte darauf, dass die Ziegel gerade und waagerecht liegen. Kontrolliere regelmäßig mit der Wasserwaage, damit die Mauer später nicht schief wird. Setze die Ziegel dicht aneinander, kleine Zwischenräume kannst du mit Schotter oder Mörtelkeilen füllen.

Die erste Lage: Bildet das Fundament – diese Lage muss deshalb besonders gerade und stabil verlegt werden.

Individuell deins

Mix & Match

Kombiniere verschiedene Steinarten oder Ziegelformen – zum Beispiel alte Klinker mit Natursteinen. So bekommt dein Hochbeet eine lebendige Struktur und einen ganz eigenen Charakter.

Bauanleitung

Step 3: Weiter gehts

Schichte die weiteren Ziegellagen auf, immer im Versatz zur darunterliegenden Reihe. Dadurch vermeidest du durchgehende Fugen, und die Mauer wird stabiler (→3a). Kontrolliere regelmäßig mit der Wasserwaage, ob die Steine im Lot liegen. Kleinere Unebenheiten kannst du mit Schotter oder Mörtelkeilen ausgleichen.

Reihe für Reihe: Im Versatz aufmauern – so wird die Mauer stabil und gleichmäßig.

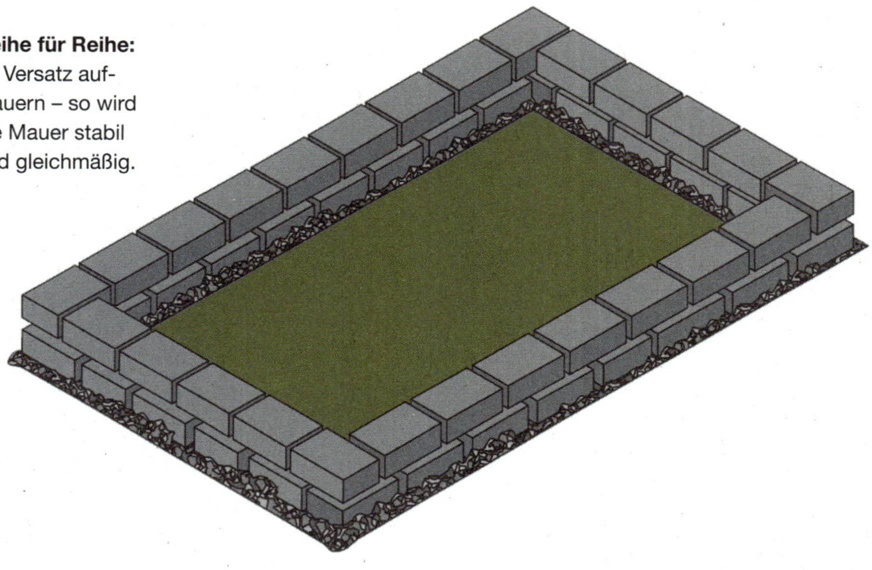

3a

Kreuzfugen vermeiden: Die Steine immer leicht versetzt setzen.

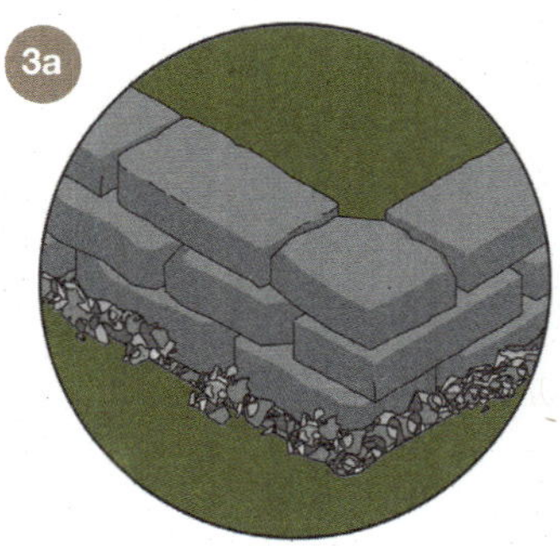

Step 4: Letzte Schicht

Zum Abschluss setzt du die oberste Ziegellage. Diese sollte besonders sorgfältig verlegt werden, da sie die sichtbare Abschlusskante bildet. Wer möchte, kann die obere Reihe mit besonders schönen Steinen gestalten oder eine Abdeckplatte auflegen, um das Hochbeet optisch zu verschönern und zusätzlich zu stabilisieren.

Die letzte Schicht sorgfältig setzen: Sie bildet den sichtbaren Abschluss des Hochbeets.

Individuell deins

Abdeckung

Eine Abdeckung aus Holz, Metall oder Naturstein schützt die Mauerkante vor Verwitterung und verleiht dem Hochbeet einen sauberen, fertigen Look. Abgerundete Kanten oder ein zusätzlicher Handlauf machen das Ganze zusätzlich bequemer beim Arbeiten.

Bauanleitung

Step 5: Erde einfüllen

Befülle dein Hochbeet schichtweise mit grobem Schnittgut, Kompost und guter Gartenerde oder nutze ein spezielles Hochbeetsubstrat. Die Schichtung sorgt für eine gute Durchlüftung und Nährstoffversorgung. Achte darauf, die Erde gleichmäßig zu verteilen und leicht anzudrücken. Zum Abschluss solltest du eine feinkrümelige Erdschicht oben einbringen, damit sich die Pflanzen optimal entwickeln können.

Fertig: Das Hochbeet mit Erde und Kompost auffüllen – oben eine feine, lockere Schicht Erde als Pflanzgrundlage einbringen

Experten-Tipp

Füllmenge planen

Plane die Füllmenge vorher grob durch – pro 10 cm Schichthöhe brauchst du etwa 100 Liter Material auf einen Quadratmeter Beetfläche. So kannst du rechtzeitig genug Erde, Kompost und Schnittgut besorgen.

Ergebnis

Ein Ziegelhochbeet bietet nicht nur einen stabilen und optisch attraktiven Rahmen, sondern auch hervorragende Wachstumsbedingungen. Durch die Wärme speichernden Steine profitieren wärmeliebende Kulturen ebenso wie klassische Gemüsearten.

Frisch bepflanzt: Das Ziegelhochbeet ist sofort nutzbar – perfekt für Gemüse und Kräuter.

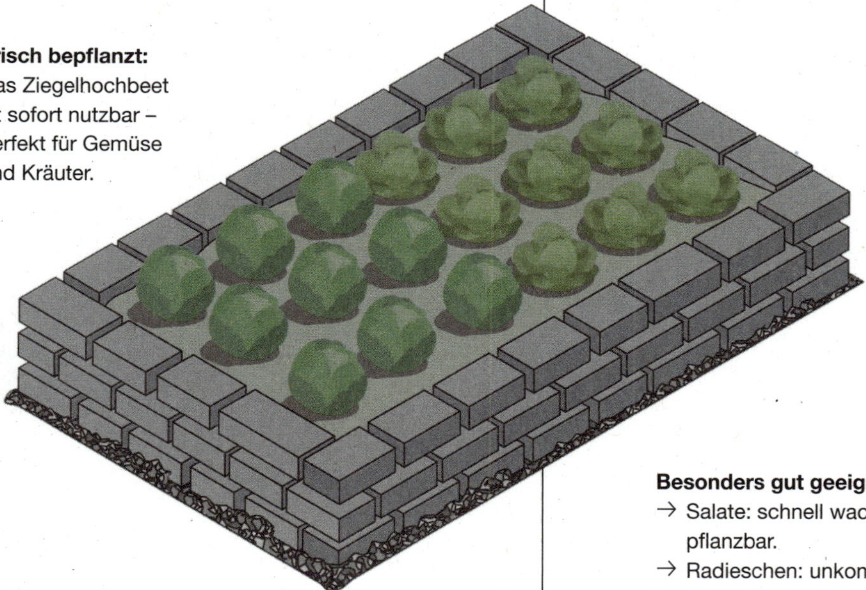

Besonders gut geeignet sind:

→ Salate: schnell wachsend, laufend nachpflanzbar.
→ Radieschen: unkompliziert und ideal für die erste Ernte.
→ Kohlrabi: wächst kompakt und benötigt wenig Platz.
→ Zucchini: ertragreich, liebt nährstoffreiche Erde und Wärme.
→ Kräuter: Basilikum, Petersilie oder Schnittlauch lassen sich gut dazwischen setzen.

Stein #6
Trockenmauerhochbeet

Trockenmauern dienten ursprünglich zur Terrassierung von Hängen. Sie eignen sich aber auch für den Bau von Hochbeeten.

Checkliste

Einfach oder anspruchsvoll?
→ anspruchsvoll → nur 5 Schritte

Zeitaufwand
→ 1–2 Tage

Besonderheiten
→ flexibel in Form und Größe
→ kann auch wieder abgebaut werden

Machen
→ Untergrund vorbereiten
→ Mauern/Steine legen

Machen lassen
→ Steine liefern lassen

Werkzeuge
→ Grundausrüstung (→ Seite 8)
→ Schnur und Pflöcke zum Markieren
→ Wasserwaage
→ Stampfer
→ Gummihammer zum Setzen der Steine
→ Eisenhammer zum Zurechthauen

Material
→ Steine, je nach Größe des Beets, pro Quadratmeter Mauer ca. 20–25 Steine bei einer Größe von ca. 20 × 30 cm sichtbare Fläche
→ Kies oder Splitt

Ideal für
→ Gemüse und Kräuter, Stauden, Farne, Gräser, kleine Sträucher (je nach Standort)

Bauanleitung

Bau dein Trockenmauerhochbeet

Step 1: Material bereitlegen

Für ein Trockenmauerhochbeet benötigst du Steine in unterschiedlichen Größen, Schotter als Drainageschicht sowie die nötigen Werkzeuge wie Schaufel, Wasserwaage, Meißel, Steinhammer und Gummihammer. Achte darauf, dass die Steine möglichst naturbelassen und kantig sind – so lassen sie sich stabil aufeinanderschichten.

Material: Für den Bau werden Steine in verschiedenen Größen, Schotter und das passende Werkzeug benötigt.

Step 2: Fundamentstreifen ausheben

Markiere den Grundriss des Hochbeets und hebe entlang der Linien einen Fundamentstreifen aus (→2a). Dieser sollte etwa 20–30 cm tief sein. Verdichte den Untergrund sorgfältig, fülle dann Schotter ein und ebne die Fläche. Die Schotterschicht dient als Drainage und sorgt dafür, dass die unterste Steinreihe sicher und frostfrei liegt. Die Grundform kannst du frei wählen, rund, oval, organisch oder geometrisch als Rechteck oder Quadrat oder über Eck.

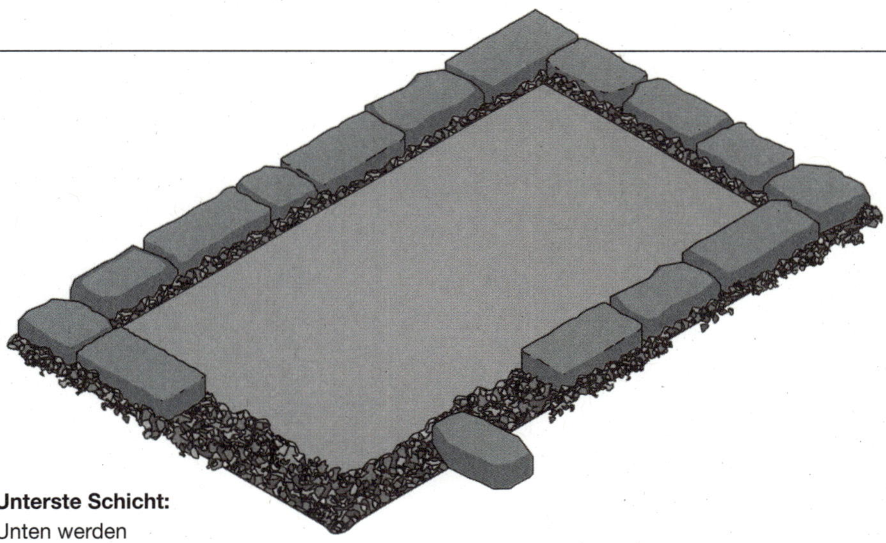

Unterste Schicht: Unten werden große, schwere Steine gesetzt – sie bilden ein stabiles Fundament für die Trockenmauer.

2a

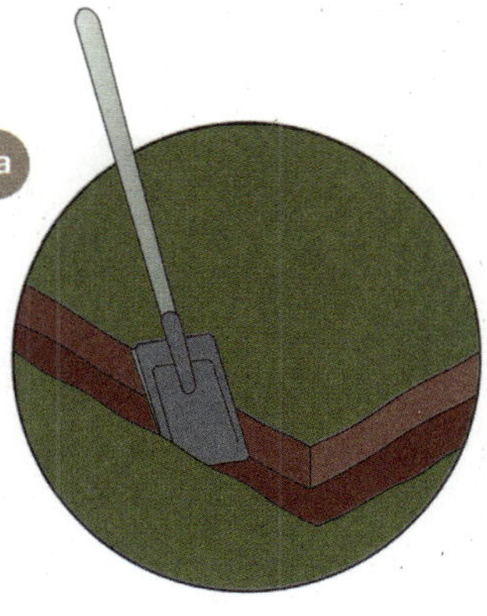

Gut gegründet: Den Fundamentstreifen ausheben, mit Schotter auffüllen und verdichten – so steht die Mauer stabil und frostsicher.

Bauanleitung

Step 3: Weitere Reihen aufbauen

Schichte die nächsten Steinreihen versetzt aufeinander. Achte darauf, dass keine Kreuzfugen entstehen – also keine Fugen direkt übereinanderliegen (→3a). Dadurch wird die Mauer deutlich stabiler und hält auch größeren Belastungen stand. Kontrolliere zwischendurch immer wieder mit der Wasserwaage, ob die Mauer im Lot ist. Kleinere Zwischenräume kannst du mit Schotter oder kleineren Steinen ausfüllen.

Stein auf Stein: Steine versetzt aufeinander schichten – so bleibt die Mauer stabil.

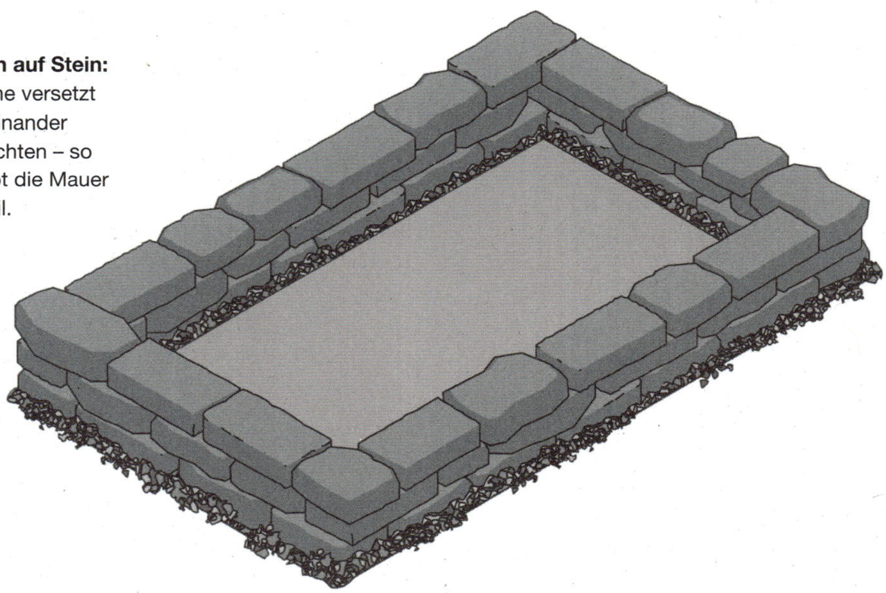

3a

Kreuzfugen vermeiden: Setze jede Steinreihe leicht versetzt.

Ergebnis

Ein Trockenmauerhochbeet ist nicht nur ein dauerhaftes Gestaltungselement, sondern auch ein ökologisch wertvoller Lebensraum. In den Fugen und Hohlräumen finden Eidechsen sowie zahlreiche Insekten und andere Nützlinge Unterschlupf. Gleichzeitig bietet die Mauer hervorragende Wachstumsbedingungen: Sonnenliebende Kräuter wie Thymian oder Oregano gedeihen in den Mauerritzen, während im Beet selbst Stauden, Sträucher oder sogar kleine Gehölze Platz finden. Damit eignet sich ein Trockenmauerhochbeet besonders für eine dauerhafte Bepflanzung und verbindet Ästhetik mit Naturnähe.

Experten-Tipp

Steine behauen und verkeilen

Nicht jeder Stein passt sofort an die gewünschte Stelle. Größere Steine kannst du mit einem Fäustel und Meißel grob behauen, damit sie sich besser einfügen. Kleinere Steine, Keile oder Schotter eignen sich zum Ausgleichen von Hohlräumen. So sitzt jeder Stein fest, und die Mauer gewinnt an Stabilität.

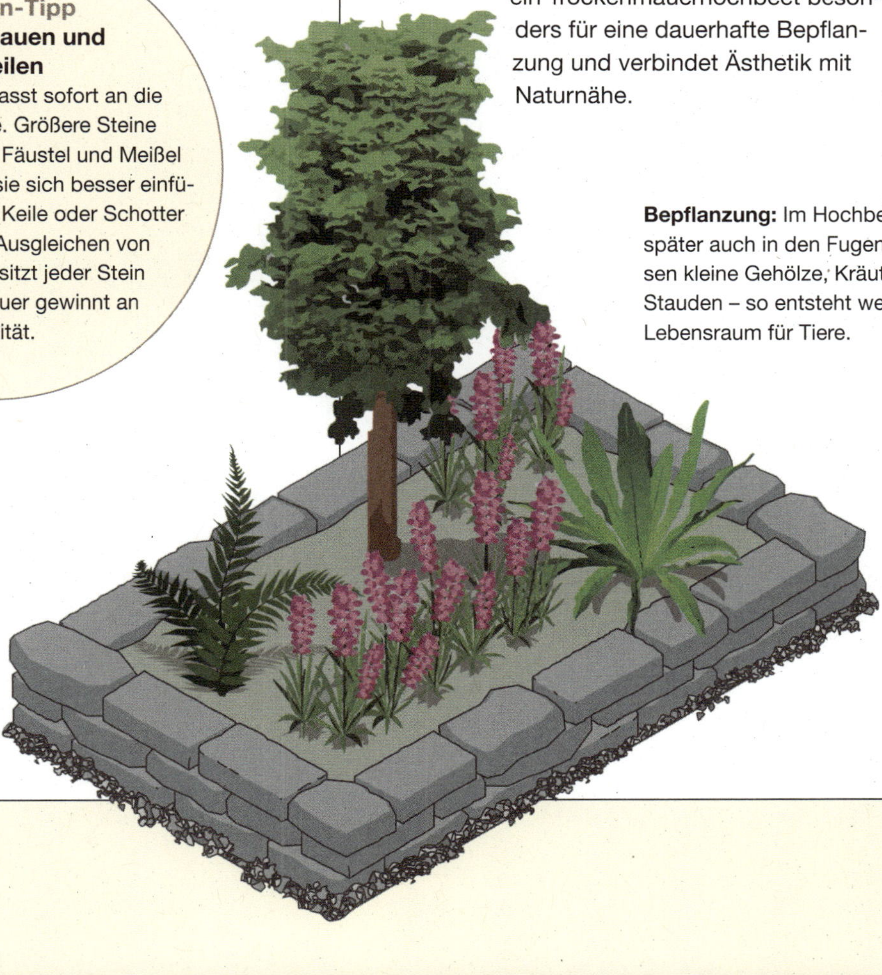

Bepflanzung: Im Hochbeet und später auch in den Fugen wachsen kleine Gehölze, Kräuter und Stauden – so entsteht wertvoller Lebensraum für Tiere.

Pflanzen für Fugen

Trockenmauern sind nicht nur praktische Stützelemente, sondern auch wertvolle Lebensräume für Pflanzen und Tiere. In den Fugen finden sich ganz besondere Standortbedingungen: sonnig und trocken, mit wenig Erde und schnell abtrocknendem Substrat. Ideal also für Spezialisten, die genau solche Bedingungen lieben. Wer die Fugen gezielt bepflanzt, verwandelt die Mauer in einen lebendigen Blickfang und bietet gleichzeitig Insekten Nahrung und Schutz.

Kräuter

Viele Kräuter und trockenheitsliebende Stauden schätzen die warme, trockene Umgebung einer Trockenmauer. Besonders mediterrane Arten entfalten hier ihr volles Aroma, da die Steine Wärme speichern und nachts langsam abgeben. Außerdem profitieren Insekten wie Bienen und Schmetterlinge von den nektarreichen Blüten.

Für sonnig-warme Hochbeete und Trockenmauern geeignet sind:

→ **Thymian:** Wärmeliebend, aromatisch, lockt Bienen an, ideal für sonnige Fugen.
→ **Oregano:** Würzkraut mit violetten Blüten, robust, breitet sich rasch aus.
→ **Ysop:** Würzig duftend, blau blühend, beliebt bei Hummeln.
→ **Salbei:** Aromatisch, winterhart, dekorative Sorten mit buntem Laub.
→ **Steinkraut:** Niedrig, gelb blühend, ideal für sonnige Mauerkronen.
→ **Lavendel:** Typisch mediterran, liebt Trockenheit, herrlicher Duft, Insektenmagnet.
→ **Bohnenkraut:** Einjährig oder mehrjährig, würziges Küchenkraut, liebt Sonne und Trockenheit, zieht Bienen und Hummeln an.

Sukkulenten

Sukkulenten sind Spezialisten für extreme Standorte. Sie speichern Wasser in den Blättern und überleben selbst in schmalsten Ritzen. Ihre Rosetten- oder Teppichformen bilden wunderschöne Strukturen, zudem sind sie pflegeleicht.

Für heiße und sonnig-warme Hochbeete und Mauern geeignet sind:

→ **Hauswurz:** Bildet dichte Rosetten, sehr robust, zahlreiche Sorten mit grünen, roten oder grauen Blättern.
→ **Mauerpfeffer:** Bildet gelbe Blütenteppiche, äußerst genügsam.
→ **Teppich-Fettblatt:** Flächig wachsend, winterhart, mit rosa oder roten Blüten.
→ **Fetthenne:** Sukkulente Blätter und Triebe, zieht Schmetterlinge an.
→ **Delosperma (Mittagsblume):** Nicht ganz winterhart, Blüten intensiv Pink oder Orange.

Polsterstauden

Polsterstauden wachsen dicht und niederliegend, sodass sie Mauern und Steine mit einem Teppich überziehen. Sie sind ideale Lückenfüller und sorgen dafür, dass die Mauer natürlich wirkt. Ihre Blüten locken viele Insekten an.

Für Hochbeete und Trockenmauern in sonnig-exponierter Lage sind geeignet:

→ **Blaukissen:** Frühjahrsblüher mit violetten bis rosa Blüten, ideal für sonnige Mauern.
→ **Teppich-Phlox:** Bildet dichte Blütenteppiche in Weiß, Rosa oder Violett.
→ **Hornkraut:** Silbernes Laub, weiße Blüten im Frühsommer, wächst teppichartig.
→ **Polster-Glockenblume:** Kriechend, mit violettblauen Blüten, sehr robust.
→ **Polster- oder Sand-Thymian:** Rasig wachsend, rosa Blüten, trittfest und duftend.
→ **Heide-Nelke:** Teppichbildend, kleine pinkfarbene Blüten, liebt Sonne.
→ **Seifenkraut:** Locker polsterbildend, rosa Blüten, sehr genügsam.
→ **Steinbrech:** Bildet attraktive Polster, Sorten mit weißen, rosa oder roten Blüten.

Stein #7
Komposthochbeet

Das Komposthochbeet ermöglicht dir, direkt aus dem Hochbeet wertvollen Kompost als Dünger zu entnehmen.

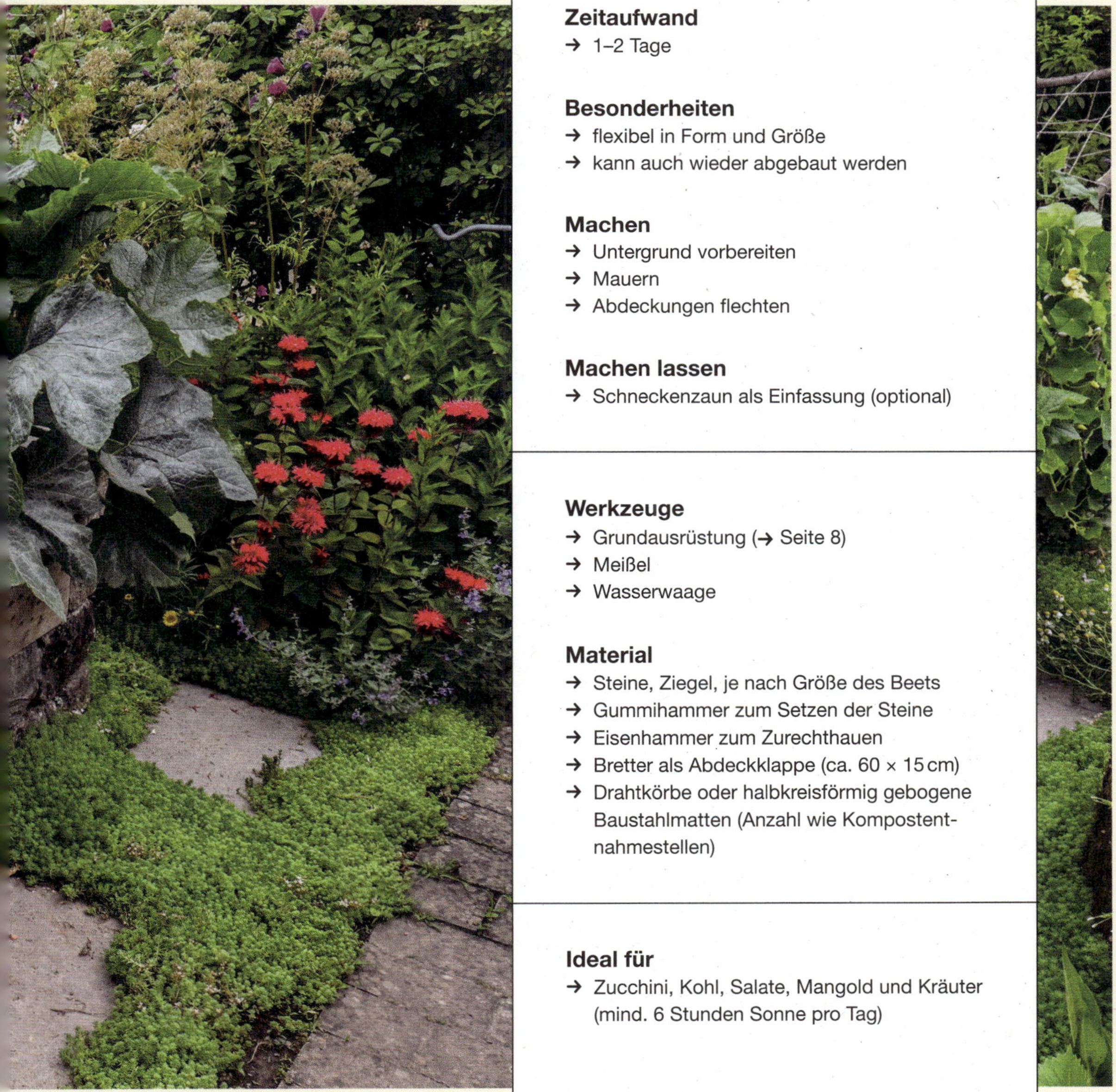

Checkliste

Einfach oder anspruchsvoll?
→ einfach → nur 5 Schritte

Zeitaufwand
→ 1–2 Tage

Besonderheiten
→ flexibel in Form und Größe
→ kann auch wieder abgebaut werden

Machen
→ Untergrund vorbereiten
→ Mauern
→ Abdeckungen flechten

Machen lassen
→ Schneckenzaun als Einfassung (optional)

Werkzeuge
→ Grundausrüstung (→ Seite 8)
→ Meißel
→ Wasserwaage

Material
→ Steine, Ziegel, je nach Größe des Beets
→ Gummihammer zum Setzen der Steine
→ Eisenhammer zum Zurechthauen
→ Bretter als Abdeckklappe (ca. 60 × 15 cm)
→ Drahtkörbe oder halbkreisförmig gebogene Baustahlmatten (Anzahl wie Kompostentnahmestellen)

Ideal für
→ Zucchini, Kohl, Salate, Mangold und Kräuter (mind. 6 Stunden Sonne pro Tag)

Bauanleitung

Bau dein Komposthochbeet

Step 1: Standort wählen und vorbereiten

Lege zunächst den Grundriss deines Hochbeets fest. Spanne dazu eine Schnur zwischen Pflöcken und markiere die Umrisse auf dem Boden – so hast du eine klare Orientierung für den weiteren Aufbau. Verdichte anschließend den Boden leicht, dort, wo später die Mauern stehen werden. Eine stabile Basis verhindert spätere Setzungen und sorgt für einen sicheren Stand. Jetzt kannst du die Fundamentsteine auslegen – immer die Waagrechte kontrollieren **(→1a)**.

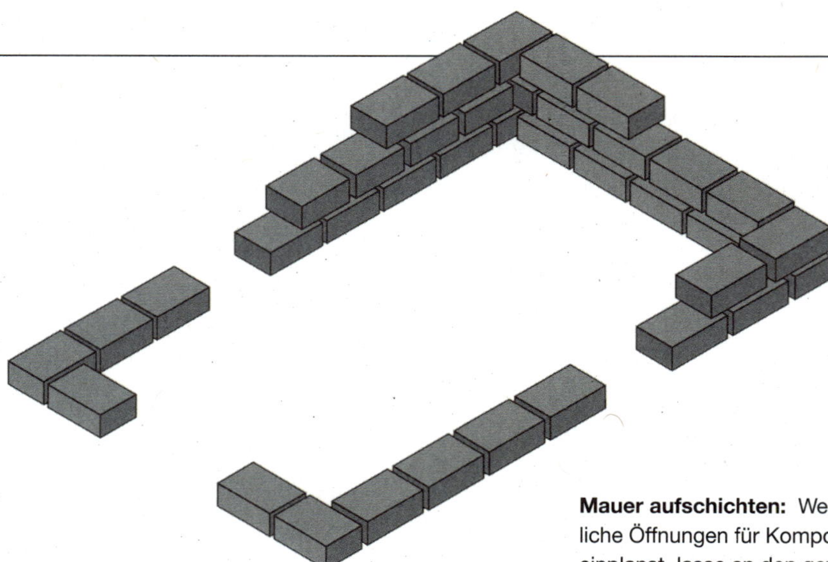

Mauer aufschichten: Wenn du seitliche Öffnungen für Kompostentnahme einplanst, lasse an den gewünschten Stellen Lücken von ca. 50 cm Breite frei. Hier kannst du später praktische Zugänge zum Entnehmen des Komposts integrieren.

Step 2: Hochbeet aufbauen

Nun wird die zweite Steinlage gesetzt – versetzt zur ersten, damit keine durchgehenden senkrechten Fugen entstehen. Diese Bauweise erhöht die Stabilität der Mauern. Über den offenen Stellen für die Kompostentnahme wird ein Querstein eingesetzt (→2a). Das schafft einen festen Abschluss und erleichtert später die Nutzung.

1a

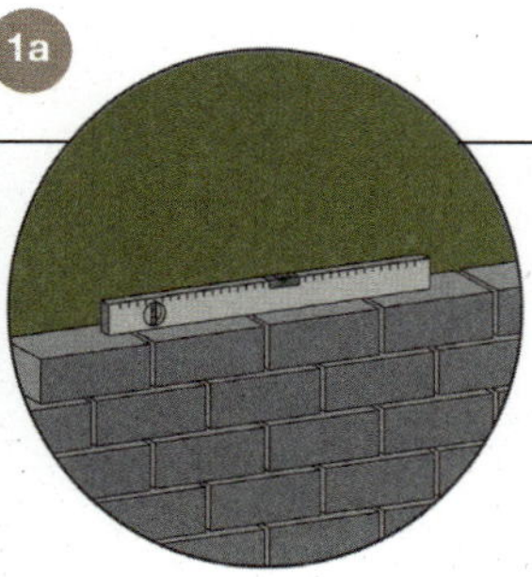

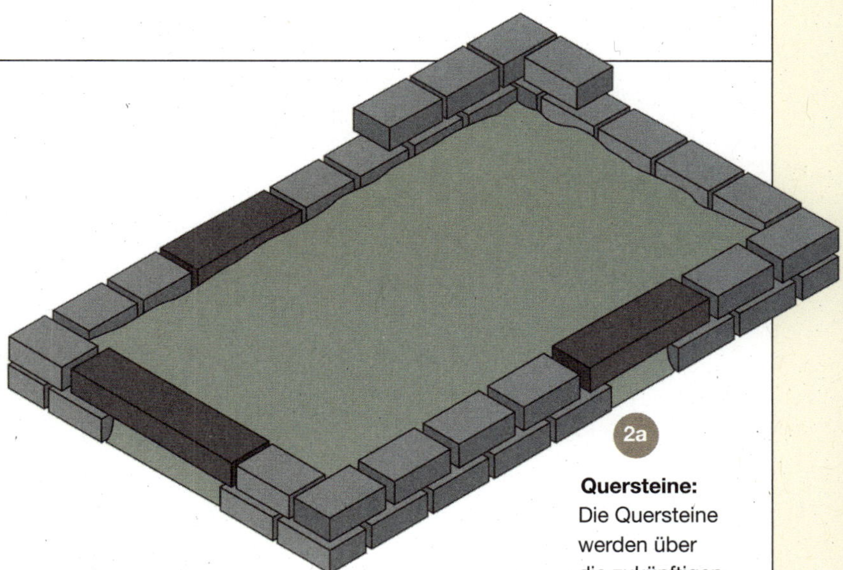

2a

Quersteine: Die Quersteine werden über die zukünftigen Kompostentnahmestellen gesetzt.

Alles im Lot: Achte beim Setzen der Steine darauf, dass sie waagrecht liegen – überprüfe das mit der Wasserwaage – und dass sich die Fugen nicht kreuzen: Die senkrechten Fugen der einzelnen Reihen sollten versetzt zueinander liegen, um die Stabilität zu erhöhen.

Bauen und füllen: Sobald die ersten beiden Steinlagen stehen, kann das Hochbeet bereits teilweise mit Erde oder Kompost befüllt werden. Das erhöht die Standfestigkeit der Mauern von innen – und spart Kraft, weil nicht alles über hohe Mauern geschaufelt werden muss.

Bauanleitung

Step 3: Fertigbauen und Füllen

Vor den Kompostentnahmestellen werden nun rund gebogene Drahtgitter eingesetzt. Sie bilden später den Rahmen für die Kompostbereiche und verhindern, dass die Hochbeeterde in die Kompostbehälter rutscht. Eingebaute Lochziegel oder Holzbalken bieten Lebensraum für nützliche Insekten (→3a).

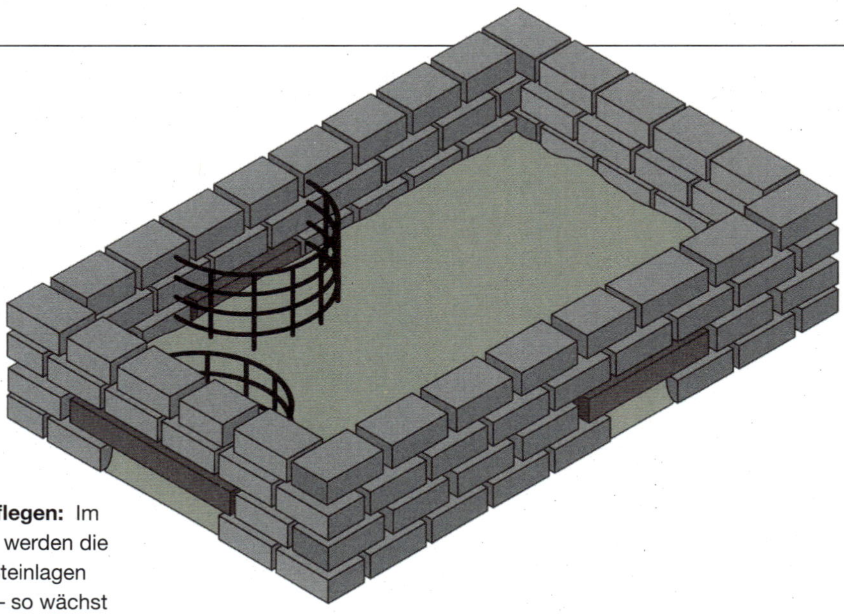

Steine auflegen: Im Anschluss werden die weiteren Steinlagen aufgelegt – so wächst das Beet auf seine endgültige Höhe heran. Mit jeder Lage kann auch der Innenraum schrittweise weiter gefüllt werden.

3a

Lebensraum schaffen: Du kannst bewusst unterschiedliche Steine einbauen, etwa Ziegel oder Lochziegel. Letztere eignen sich besonders gut, um Lebensräume für nützliche Insekten zu schaffen.

Step 4: Deckschicht

Die Mauern sind fertig – jetzt geht es ans Finish! Ist die letzte Steinlage gesetzt, wird das Beet mit einer Mischung aus feiner Hochbeeterde oder Kompost und Gartenerde aufgefüllt – aber nicht ganz bis zur Oberkante. Jetzt ist das Hochbeet fertig zum Bepflanzen oder für die Aussaat. Zum Schluss wird die Klappe vor die Kompostentnahmestelle montiert (→4a).

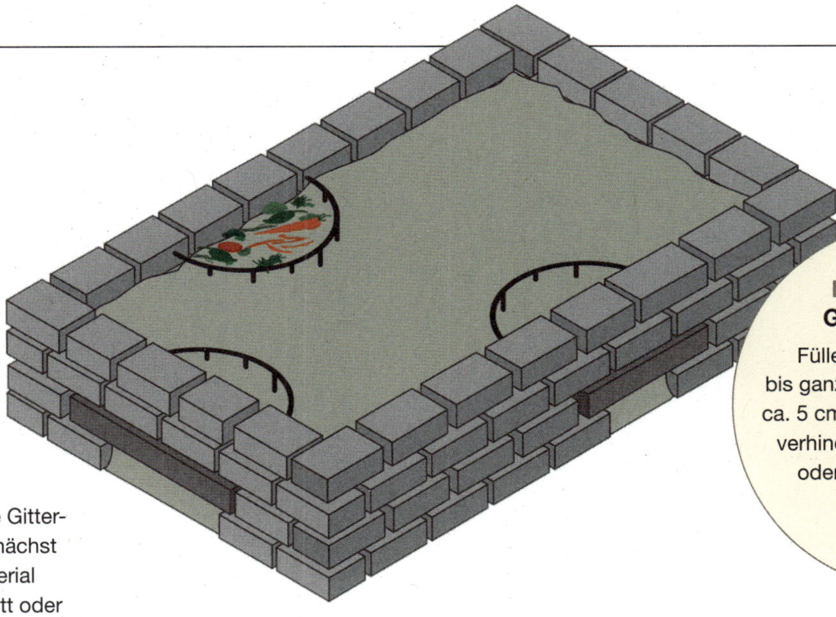

Experten-Tipp
Gießrand lassen

Fülle das Hochbeet nicht bis ganz oben. Ein Abstand von ca. 5 cm zur oberen Mauerkante verhindert, dass beim Gießen oder bei Starkregen Erde herausgespült wird.

Kompost: In die Gitterkörbe kommt zunächst organisches Material wie Heckenschnitt oder pflanzliche Küchenabfälle. Diese zersetzen sich nach und nach und verwandeln sich im Inneren des Hochbeets in wertvollen Kompost – optimal für nährstoffhungrige Pflanzen.

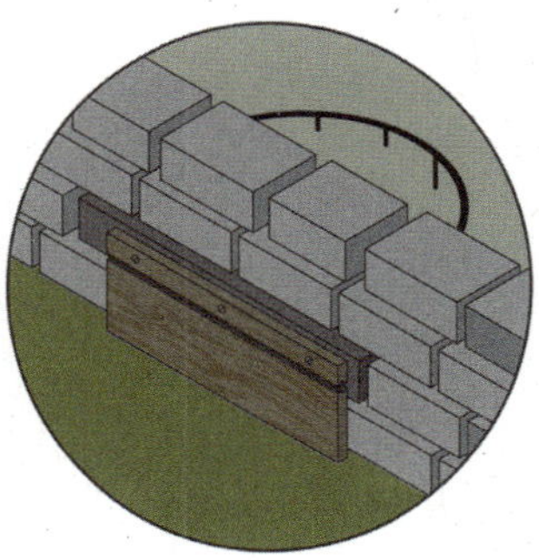

4a

Klappe anbringen: Für die spätere Kompostentnahme kannst du eine Holzklappe integrieren – entweder mit Scharnier an einem Brett oder ganz simpel als Brett, das du bei Bedarf zur Seite nimmst.

Bauanleitung

Step 5: Pflanzen und Säen

Dein Hochbeet ist jetzt bereit für die Bepflanzung. Du kannst sofort loslegen mit dem Aussäen oder Einsetzen von Jungpflanzen. Besonders gut eignet sich schnell wachsendes Gemüse wie Salat, Radieschen oder Kräuter – so kannst du schon bald die erste Ernte einfahren und nach ein paar Wochen sogar frischen Kompost entnehmen **(→5a)**. Die Abdeckung des Komposts verhindert, dass er austrocknet **(→5b)**.

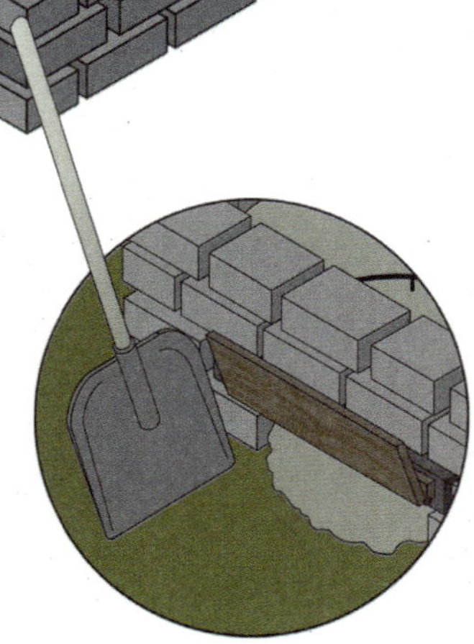

5a

Kompostentnahme: Schon nach wenigen Wochen entsteht in den Gitterkörben frischer Kompost. Dieser kann direkt über die Klappe entnommen und zwischen den Pflanzen als Dünger verteilt werden – ein natürlicher Kreislauf, der dein Beet langfristig fruchtbar hält.

Trend-Tipp

Zwischenreihen nutzen

Solange langsam wachsende Pflanzen wie Zucchini oder Kohl noch klein sind, kannst du die freien Zwischenräume für schnell wachsendes Gemüse nutzen – beispielsweise Kresse oder Radieschen. So nutzt du den Platz im Beet besonders effizient.

Ergebnis

Bereits wenige Wochen nach dem Anlegen kannst du die ersten Gemüsepflanzen ernten. Dieses Hochbeet liefert nicht nur frisches Gemüse, sondern integriert auch die Kompostierung clever in die Konstruktion – so schlägst du zwei Fliegen mit einer Klappe und kannst auch in einem kleinen Garten oder wenn wenig Platz zur Verfügung steht, ein Hochbeet und einen Kompost im Garten haben. Die Fugen und Lochziegel bieten Lebensraum für nützliche Insekten, und der integrierte Kompostbereich macht eine separate Kompoststelle im Garten überflüssig.

Geeignete Gemüse:

→ Tomaten – brauchen viel Dünger und Wärme, ideal für sonnige Hochbeete.
→ Zucchini – dankbar und ertragreich, lieben humusreichen Boden.
→ Gurken – gedeihen gut in durchlässiger, nährstoffreicher Erde.
→ Mangold – robust und dekorativ, wächst über Monate hinweg nach.
→ Buschbohnen – pflegeleicht und produktiv, ideal für den Hochbeetrand.
→ Kohlrabi – wächst schnell und nimmt wenig Platz ein.
→ Salat (z. B. Pflücksalat) – ideal für die erste oder Zwischenkultur.
→ Radieschen – schnell wachsend, perfekt für Zwischenräume.
→ Lauchzwiebeln – brauchen wenig Platz und lassen sich gut dazwischensetzen.
→ Rote Bete – wächst zuverlässig und lässt sich lange ernten.

5b

Kompost abdecken: Durch eine Abdeckung bleibt der Kompost feucht und aktiv, ohne auszutrocknen.

Sonderformen #8
Keyhole-Beet

Ein Keyhole- oder Schlüssel-loch-Beet kombiniert Hochbeet und Kompost und orientiert sich am Prinzip der Permakultur.

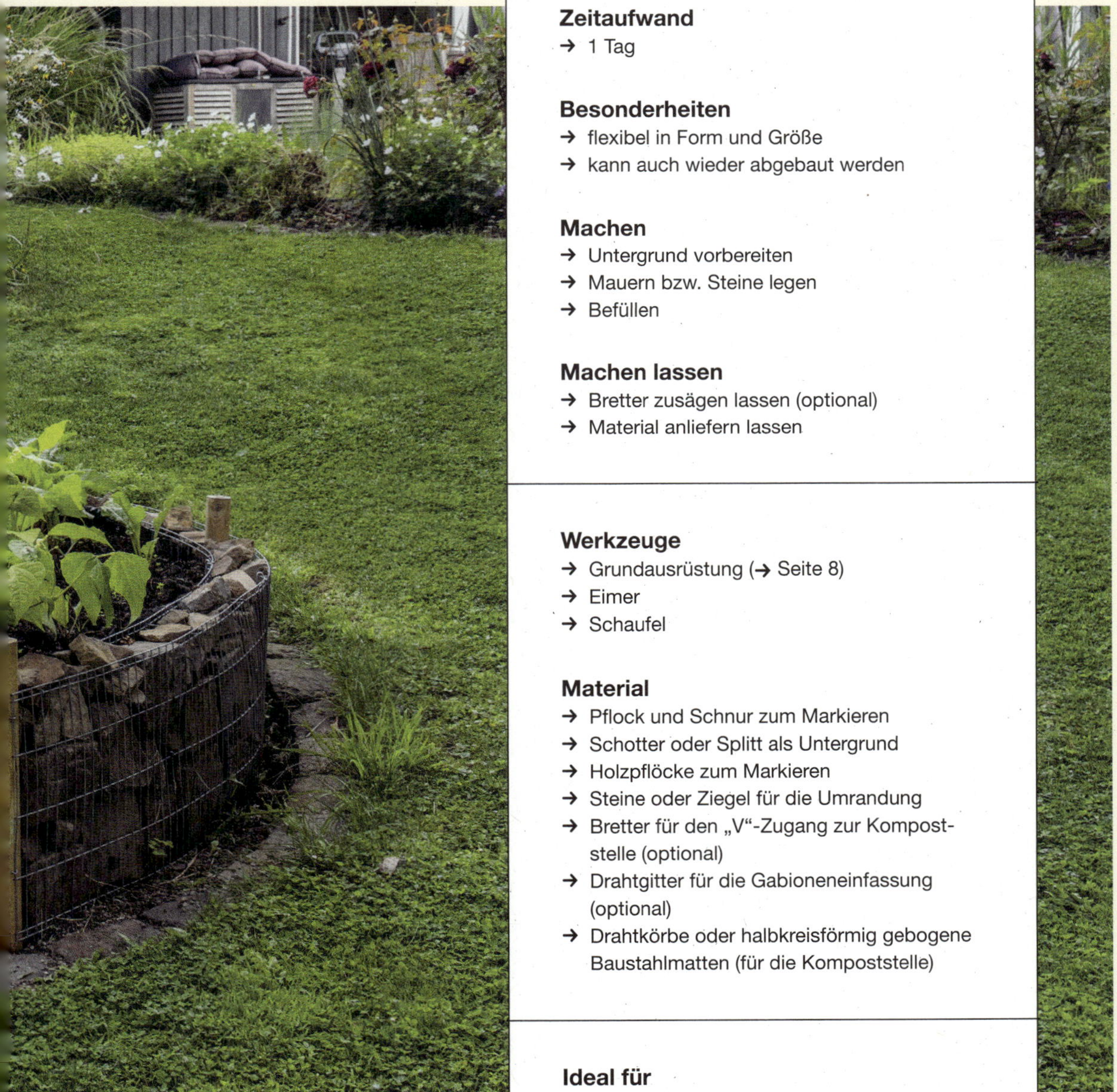

Checkliste

Einfach oder anspruchsvoll?
→ anspruchsvoll → nur 5 Schritte

Zeitaufwand
→ 1 Tag

Besonderheiten
→ flexibel in Form und Größe
→ kann auch wieder abgebaut werden

Machen
→ Untergrund vorbereiten
→ Mauern bzw. Steine legen
→ Befüllen

Machen lassen
→ Bretter zusägen lassen (optional)
→ Material anliefern lassen

Werkzeuge
→ Grundausrüstung (→ Seite 8)
→ Eimer
→ Schaufel

Material
→ Pflock und Schnur zum Markieren
→ Schotter oder Splitt als Untergrund
→ Holzpflöcke zum Markieren
→ Steine oder Ziegel für die Umrandung
→ Bretter für den „V“-Zugang zur Kompost-stelle (optional)
→ Drahtgitter für die Gabioneneinfassung (optional)
→ Drahtkörbe oder halbkreisförmig gebogene Baustahlmatten (für die Kompoststelle)

Ideal für
→ Zucchini, Tomaten, Erbsen, Bohnen, Kohl, Salate, Mangold und Kräuter

Bauanleitung

Bau dein Keyhole-Beet

Step 1: Mitte und Kreisform markieren

Stecke die Mitte des Beetes mit einem Pflock ab und ziehe mithilfe einer Schnur oder eines Maßbands einen gleichmäßigen Kreis. Vergiss nicht, den charakteristischen „Einschnitt" des Keyhole-Beets gleich mit einzuzeichnen – hier entsteht später der Zugang ins Beet.

Kreis markieren: Mit Pflock und Schnur ziehst du die Beetform in den Boden ein.

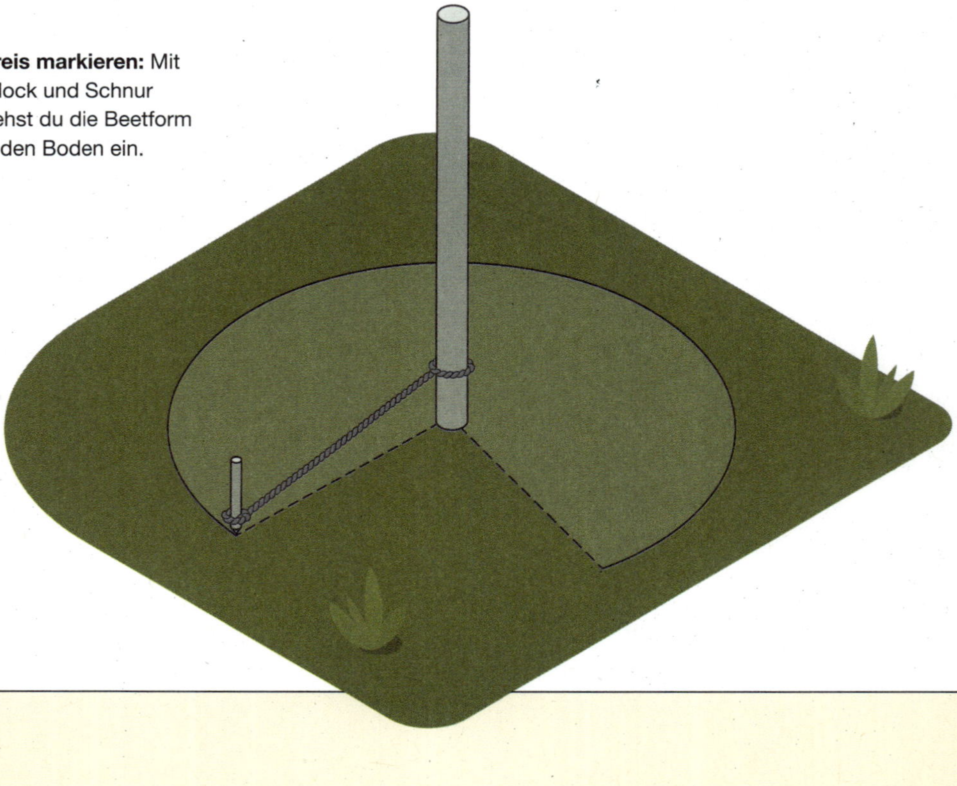

Step 2: Fundamentstreifen ausheben, verdichten, drainieren

Hebe entlang der Markierung einen Fundamentstreifen aus. Verdichte den Boden sorgfältig, damit die Mauern später stabil stehen. Fülle anschließend eine Drainageschicht aus Schotter oder Kies ein, damit die Steine fest sitzen, Wasser zuverlässig abfließen kann und keine Staunässe entsteht – und im Winter die Steine nicht bei Frost verschoben werden (→2a).

Fundamentstreifen:
Den Boden ausheben, verdichten und mit einer Schicht Kies oder Schotter auffüllen.

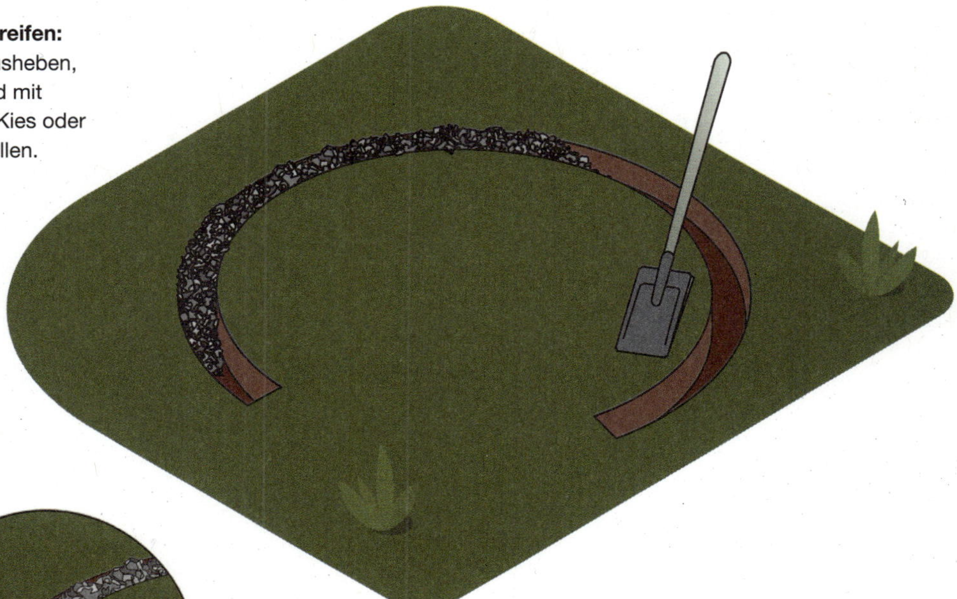

Bauanleitung

Step 3: Mauern und Schacht in der Mitte bauen

Schichte die Steine kreisförmig aufeinander und achte darauf, dass die Mauer stabil steht. Lasse den Zugang zum Beet frei, damit die typische Schlüsselloch-Form entsteht. In der Mitte baust du einen Schacht aus Drahtgeflecht oder Gitterelementen wie Baustahlmatten – hier hinein kommen später organische Abfälle wie Küchenreste oder Schnittabfälle aus dem Garten, die das Beet von innen mit Nährstoffen versorgen.

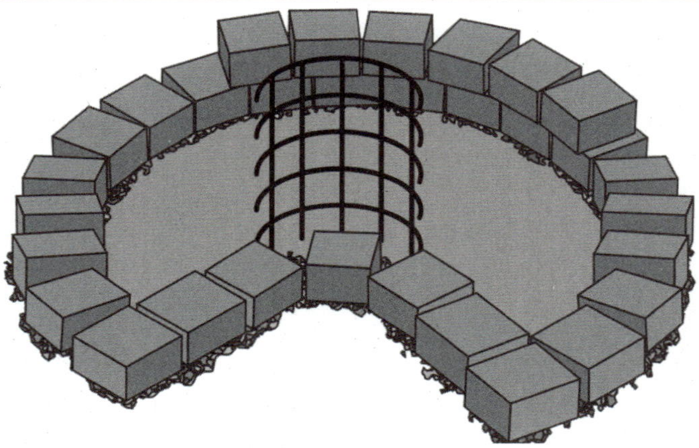

Mauerbau: Die Steine rundherum aufschichten, den Zugang freilassen und die runde Form sorgfältig einhalten

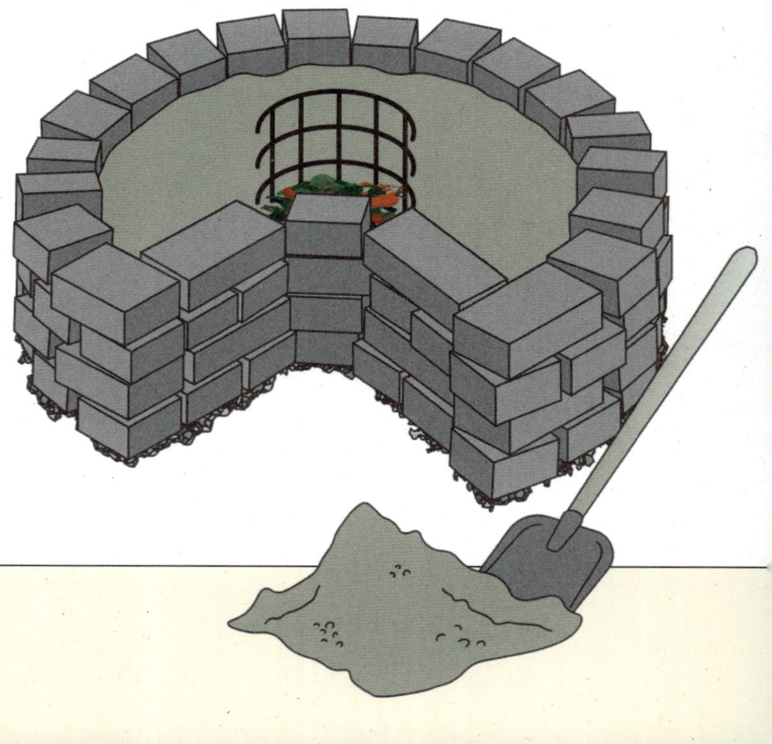

Kompostschacht: In die Mitte kommt ein Drahtkorb für organisches Material, das später das Beet kontinuierlich düngt.

Individuell deins

Stein oder Holz

Das „V" für den Zugang zum Kompostschacht kannst du aus Steinen mauern oder aus Holzbrettern bauen.

Two in one: Besonders einfach ist der Bau eines Keyhole-Beets, wenn du die Gabionenbauweise mit dem Trockenmauerbau kombinierst.

Ergebnis

Das Keyhole-Beet verbindet Hochbeet und Kompost in einem System. Durch den mittigen Schacht wird das Beet kontinuierlich mit Nährstoffen versorgt, da Küchenabfälle und organisches Material nach und nach verrotten und die Erde anreichern. So entsteht ein besonders fruchtbares Wachstumsmilieu für deine Pflanzen.

Pflanzen für den Außenbereich (gut erreichbar, nährstoffreich):
- → Salat
- → Mangold
- → Spinat
- → Radieschen
- → Kohlrabi
- → Basilikum

Pflanzen für sonnige Bereiche (wärmeliebend, hoher Nährstoffbedarf):
- → Tomaten
- → Paprika
- → Chili
- → Zucchini

Pflanzen für Randbereiche (niedriger wachsend, leichter Zugriff):
- → Erdbeeren
- → Petersilie
- → Schnittlauch
- → Dill
- → Liebstöckel
- → Blatt- und Stangen-Sellerie

Individuell deins
Mix & Match

Für ein Keyhole-Beet kannst du ganz unterschiedliche Materialien einsetzen – etwa Steine, Ziegel, Betonpflastersteine und gelegentlich sogar ein Stück Holzbalken. Diese Vielfalt schafft wertvolle Strukturen, in denen sich nützliche Insekten und andere Tiere ansiedeln können. Gleichzeitig sparst du durch das Upcycling alter Baumaterialien deutlich Kosten.

Prinzip Keyhole-Beet

Keyhole- oder Schlüssellochbeet aus recycelten Dachpfannen

Das Keyhole-Beet ist mehr als ein einfaches Hochbeet. Sein Herzstück bildet ein Kompostschacht in der Mitte, in den Küchen- und Gartenabfälle geworfen werden. Diese verrotten direkt im Beet, setzen Nährstoffe frei und versorgen die umliegenden Pflanzen kontinuierlich.

Der Zugang erfolgt über eine seitliche Öffnung in der Beetumfassung, die an die Form eines Schlüssellochs erinnert – daher der Name. So verbindet das Keyhole-Beet Gemüseanbau und Kompostierung in einem geschlossenen Kreislauf.

Die Grundidee: Permakultur

Das Keyhole-Beet ist ein Paradebeispiel für permakulturelles Gärtnern. Abfälle werden nicht entsorgt, sondern in den Kreislauf zurückgeführt und direkt wieder nutzbar gemacht. Gleichzeitig wird Wasser effizient genutzt: Beim Gießen gelangt es durch den Kompostschacht tief in die Erde, wo es länger gespeichert bleibt. Das spart Wasser und Dünger und macht das System fast selbsttragend. In einem Keyhole-Beet finden ökologische Prinzipien wie Kreislaufwirtschaft, Ressourcenschonung und Ertragssteigerung auf kleinem Raum zusammen.

Herkunft

Die Idee stammt ursprünglich aus den Trockengebieten Afrikas. Hilfsorganisationen entwickelten das Keyhole-Beet, um Familien eine sichere Grundversorgung mit frischem Gemüse zu ermöglichen. Vor allem in Lesotho, Malawi und Simbabwe haben sich diese Beete bewährt: Sie sind pflegeleicht, liefern trotz knapper Wasservorräte gute Erträge und funktionieren auch

Einfache Betonsteine eignen sich ebenfalls zum Bau eines Keyhole-Beets.

auf kargen Böden. Von dort aus hat sich das Konzept in viele andere Länder verbreitet und ist heute weltweit in der Selbstversorger- und Permakulturszene beliebt.

Bauweisen

Beim Bau sind der Fantasie kaum Grenzen gesetzt. Traditionell werden Natur- oder Bruchsteine verwendet, ebenso gut eignen sich aber Ziegel, Betonsteine oder Holz. Selbst Recyclingmaterial wie alte Dachpfannen oder Paletten lässt sich nutzen. Wichtig ist, dass die Umfassung stabil ist und den Druck der Erde aushält. Der mittige Kompostschacht besteht meist aus einem Drahtkorb oder einem einfachen Gitter, das mit Ästen, Stroh oder Karton ausgekleidet wird. Typische Keyhole-Beete haben einen Durchmesser von 1,5 bis 2 Metern und sind so hoch, dass man bequem ohne Bücken gärtnern kann – also etwa 0,8 bis 1 Meter.

Besonderheiten

Das Besondere am Keyhole-Beet ist seine Effizienz: Nährstoffe und Wasser gelangen direkt an die Wurzeln, wo sie am meisten gebraucht werden. Gleichzeitig entsteht durch die erhöhte Bauweise ein wärmeres Kleinklima, das die Wachstumsperiode verlängert und höhere Erträge ermöglicht. Selbst auf schwierigen Standorten lassen sich so Gemüse, Kräuter und sogar Beerenpflanzen erfolgreich kultivieren. Mit einem Keyhole-Beet wird nachhaltiges und ertragreiches Gärtnern auch auf kleinstem Raum möglich – ideal für alle, die Kreislaufwirtschaft praktisch im Garten umsetzen möchten.

Tipps zum Baumaterial:

→ **Naturstein oder Bruchstein:** sehr langlebig, speichert Wärme und fügt sich harmonisch in den Garten ein.

→ **Ziegel oder Betonsteine:** einfach stapelbar, stabil und günstig, auch gebraucht erhältlich.

→ **Holz:** leichter zu verarbeiten, ideal für kleinere Beete, aber nicht ganz so langlebig. Mit Folie oder Noppenbahn an der Innenseite hält es deutlich länger.

→ **Recyclingmaterial:** alte Dachpfannen, Paletten oder Pflastersteine lassen sich kreativ einsetzen und machen das Beet individuell.

Keyhole-Beet aus Holz mit integrierter Komposttonne mit Deckel

Sonderformen #9 Gabionenhochbeet

Gabionen sind praktisch, wenn du schnell und ohne großen Materialaufwand eine Einfassung für ein Hochbeet bauen möchtest.

Checkliste

Einfach oder anspruchsvoll?
→ mittel → nur 5 Schritte

Zeitaufwand
→ 1 Tag

Besonderheiten
→ flexibel in Form und Größe
→ kann auch wieder abgebaut werden

Machen
→ Metallgitter zuschneiden
→ Drahtspiralen drehen
→ Gabionenkörbe befüllen

Machen lassen
→ Füllung anliefern lassen

Werkzeuge
→ Grundausrüstung (→ Seite 8)
→ Bolzen- oder Drahtschneider
→ Metallfeile

Material
→ Steine, Ziegel, Holzstücke, alte Töpfe, Recyclingmaterial, Volumen je nach Größe des Beets.
→ Draht (ca. 1–2 mm stark)
→ Metall- oder Holzstab, ca. 2 cm dick
→ Metallgitter (Maschenweite ca. 5 × 5 cm, Drahtstärke ca. 3 mm); ca. 40 cm breit, pro Korb 2 m lang (für 4 Seiten plus Deckel), Anzahl anhängig von der Größe des Beets.

Ideal für
→ Niedrige Hochbeete (ca. 40–50 cm Höhe)

Bauanleitung

Bau dein Gabionenhochbeet

Step 1: Drahtgitter für die Körbe zuschneiden

Miss zunächst die gewünschte Größe deiner Gabione ab und schneide die Drahtmatten mit einer stabilen Bolzenschere oder einem Winkelschleifer zu. Achte darauf, dass alle Teile gleichmäßig und gerade sind, damit sich die Körbe später exakt zusammensetzen lassen. Plane je nach Beetgröße Front- und Rückseite sowie die seitlichen Teile ein. Scharfe Metallkanten kannst du mit einer Metallfeile abschleifen, damit sie später keine Verletzungsgefahr darstellen.

Zuschneiden: Mit einer Bolzenschere die Drahtmatten auf die gewünschte Länge kürzen.

Step 2: Drahtspiralen biegen

Die zugeschnittenen Gitterteile werden anschließend mit Drahtspiralen verbunden. Dafür Spiralen vorbereiten – den Draht mit einer Zange um einen Stab gleichmäßig eindrehen (→2a). Die Spiralen lassen sich dann leicht durch die Gitterkanten führen und halten die Elemente stabil zusammen. Auf diese Weise entstehen die Seitenteile und Ecken der Gabionenkörbe.

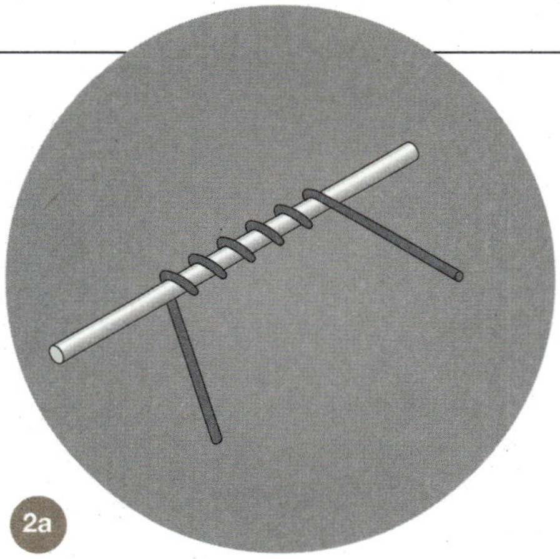

2a

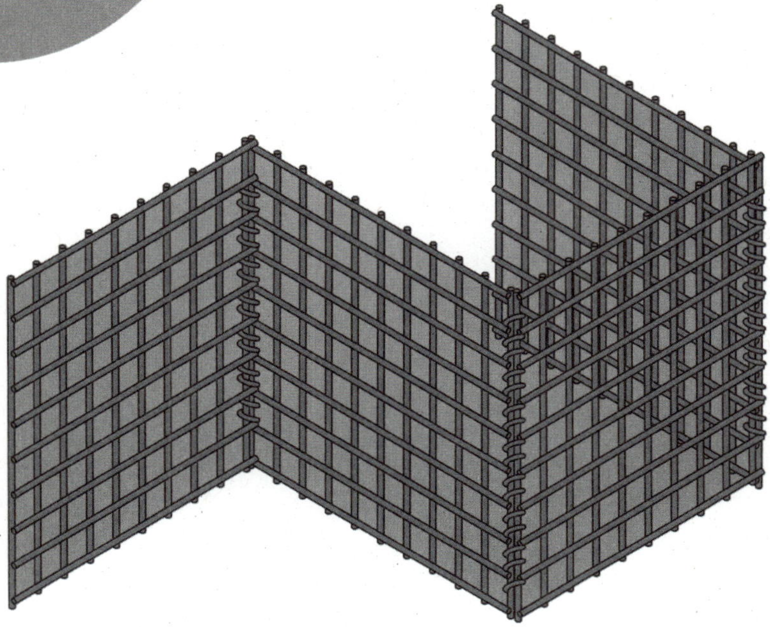

Einfädeln: Mit den Drahtspiralen die zugeschnittenen Gitterteile stabil zusammenfügen.

Bauanleitung

Step 3: Drahtkorb zusammenbauen und füllen

Nachdem die einzelnen Gitterteile vorbereitet sind, werden sie mit den Spiralen oder speziellen Klammern zu stabilen Körben verbunden. Achte darauf, dass die Ecken rechtwinklig sind und die Kanten bündig abschließen. Die fertigen Gabionenkörbe kannst du nun an ihrem Platz aufstellen.

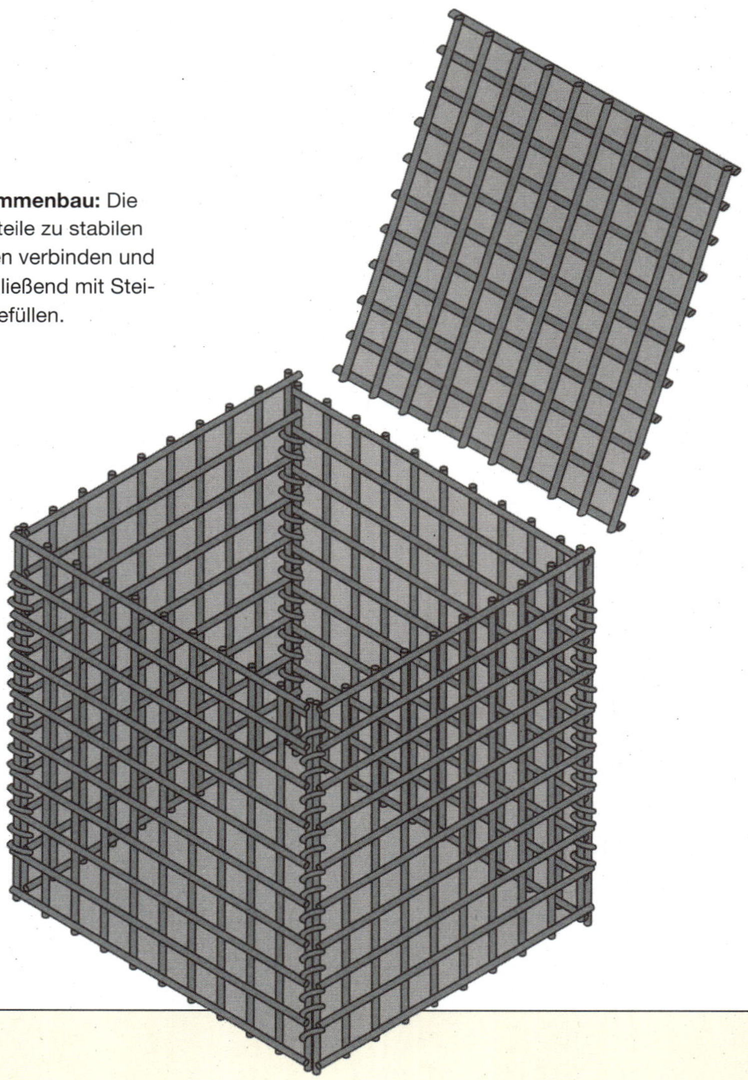

Zusammenbau: Die Gitterteile zu stabilen Körben verbinden und anschließend mit Steinen befüllen.

Individuell deins

Füllung nach Belieben

Die fertigen Gabionenkörbe werden mit Steinen, Ziegeln, Holz, Tontöpfen oder anderem Recyclingmaterial befüllt. Dabei zunächst die äußere Schicht mit dekorativen Steinen auslegen, die innere Füllung kann auch aus kleineren Bruchsteinen, Kies oder Schotter bestehen. So sparst du Material und Gewicht.

Vielseitig und variabel: Unterschiedliche Steinfüllungen, seitliche Bepflanzung und kleine Nischen für Tiere machen Gabionen vielseitig und naturnah. Hier sind zwei Drahtkörbe ineinander gestellt worden, sodass die Gabionen wie eine Hochbeetmauer funktionieren.

Ergebnis

Gabionen-Hochbeete lassen sich auf viele Arten gestalten und sind weit mehr als nur eine stabile Einfassung.
Besonders spannend wird es, wenn du mit unterschiedlichen Füllmaterialien arbeitest.
Durch die Hohlräume zwischen den Steinen entstehen kleine Nischen, die Insekten als Brutstätten und Kleintieren als Unterschlupf dienen. So förderst du ganz nebenbei die Biodiversität in deinem Garten.
Gabionen müssen übrigens nicht ausschließlich als Einfassung für ein Hochbeet genutzt werden. Du kannst sie auch seitlich bepflanzen – etwa mit hängenden Polsterstauden, Sedum-Arten oder Kräutern, die sich in den Fugen ansiedeln. So entsteht ein lebendiger, grüner Stein-Korb, der nicht nur praktisch, sondern auch optisch ein echtes Highlight im Garten ist.

Geeignete Füllmaterialien:

→ Kieselsteine wirken klar und geordnet – perfekt für moderne Gärten.
→ Ziegelreste oder Klinker verleihen dem Beet einen rustikalen Charme und sind zudem eine nachhaltige Recyclinglösung.
→ Natursteine wie Granit, Sandstein oder Basalt sorgen für ein besonders natürliches Erscheinungsbild.

Aroma pur – Kräuter-spiralen

Kräuterspiralen sind echte Hingucker im Garten – und dabei unglaublich praktisch. Durch ihre spiralige Form entstehen verschiedene Klimazonen: von sonnig und trocken oben bis feucht und schattig unten. So kannst du auf kleinem Raum eine große Vielfalt an Kräutern pflanzen.

→ aus Stein

Die Solide.
Dauerhaft und robust. Ob Naturstein, Ziegel oder aus Trockenmauern. Eine Kräuterspirale für jeden Gartenstil.

#1 Kräuterspirale aus Ziegeln
Seite 110

→ mit Teich

Die Ökologische.
Wasser bringt Leben in den Garten und bietet in Kombination mit einer Kräuterspirale vielen Tieren Lebensraum und ermöglicht den Anbau feuchtigkeitsliebender Kräuter.

#2 Kräuterturm mit Teich
Seite 120

→ aus Holz

Die Flexible.
Palisaden sind der ideale Baustoff für eine Spirale. Einfach zu verarbeiten und flexibel für jede Größe und Form.

#3 Palisadenspirale
Seite 130

Eine Kräuter-spirale – viele Vorteile

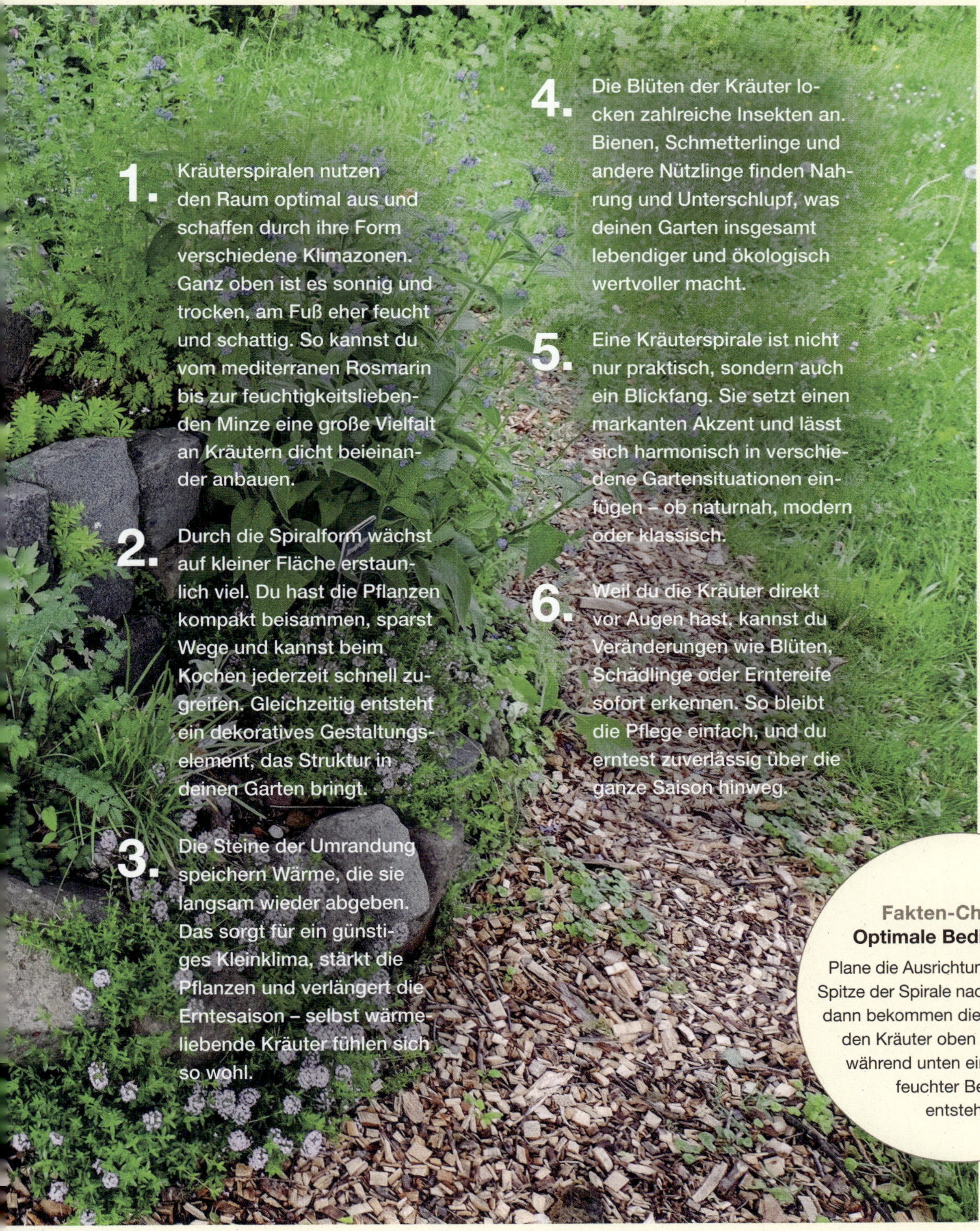

1. Kräuterspiralen nutzen den Raum optimal aus und schaffen durch ihre Form verschiedene Klimazonen. Ganz oben ist es sonnig und trocken, am Fuß eher feucht und schattig. So kannst du vom mediterranen Rosmarin bis zur feuchtigkeitsliebenden Minze eine große Vielfalt an Kräutern dicht beieinander anbauen.

2. Durch die Spiralform wächst auf kleiner Fläche erstaunlich viel. Du hast die Pflanzen kompakt beisammen, sparst Wege und kannst beim Kochen jederzeit schnell zugreifen. Gleichzeitig entsteht ein dekoratives Gestaltungselement, das Struktur in deinen Garten bringt.

3. Die Steine der Umrandung speichern Wärme, die sie langsam wieder abgeben. Das sorgt für ein günstiges Kleinklima, stärkt die Pflanzen und verlängert die Erntesaison – selbst wärmeliebende Kräuter fühlen sich so wohl.

4. Die Blüten der Kräuter locken zahlreiche Insekten an. Bienen, Schmetterlinge und andere Nützlinge finden Nahrung und Unterschlupf, was deinen Garten insgesamt lebendiger und ökologisch wertvoller macht.

5. Eine Kräuterspirale ist nicht nur praktisch, sondern auch ein Blickfang. Sie setzt einen markanten Akzent und lässt sich harmonisch in verschiedene Gartensituationen einfügen – ob naturnah, modern oder klassisch.

6. Weil du die Kräuter direkt vor Augen hast, kannst du Veränderungen wie Blüten, Schädlinge oder Erntereife sofort erkennen. So bleibt die Pflege einfach, und du erntest zuverlässig über die ganze Saison hinweg.

Fakten-Checker

Optimale Bedingungen

Plane die Ausrichtung so, dass die Spitze der Spirale nach Süden zeigt – dann bekommen die sonnenliebenden Kräuter oben genug Licht, während unten ein schattiger, feuchter Bereich entsteht.

Das beste Bau-material

Stein und Ziegel

Kräuterspiralen aus Naturstein sind Klassiker. Sie wirken besonders harmonisch, fügen sich in jeden Garten ein und bieten durch ihre unregelmäßigen Fugen zusätzlichen Lebensraum für Insekten und kleine Tiere. Das Mauerwerk speichert tagsüber Wärme und gibt sie nachts wieder ab – perfekt für mediterrane Kräuter wie Thymian, Oregano oder Rosmarin. Bei der Bauweise kann man Trockenmauern schichten oder Steine mit etwas Erde und Sand stabilisieren. Besonders gut geeignet sind Natursteine aus der Region, da sie kurze Transportwege haben und optisch meist am besten passen.

→ **Naturstein:** langlebig, wärmespeichernd, passt sich gut ein
→ **Feldsteine:** rustikal, robust, oft günstig in der Region erhältlich
→ **Ziegel/Bruchstein:** nachhaltig durch Recycling, lebendige Optik

---

→ **Kräuterspirale aus Ziegeln** → S. 110
→ **Kräuterturm mit Teich** → S. 120

Fakten-Checker
Keine Billigsteine

Günstige Natursteine aus Übersee haben oft einen hohen ökologischen Fußabdruck. Lange Transportwege, fragwürdige Abbaubedingungen und schwankende Qualität sprechen gegen sie. Besser sind regionale Natursteine – langlebig, umweltfreundlicher und im Garten optisch meist harmonischer.

Holz, Bohlen und Palisaden

Wer es natürlicher und leichter mag, kann eine Kräuterspirale auch aus Holz gestalten. Dicke Bohlen oder aufrecht eingeschlagene Palisaden bilden eine stabile Konstruktion, die sich gut in naturnahe Gärten einfügt. Mit der Zeit vergraut das Holz und erhält eine schöne Patina, allerdings ist die Lebensdauer im Vergleich zu Stein begrenzt. Wichtig ist, Hölzer mit guter Witterungsbeständigkeit zu wählen, zum Beispiel Lärche, Robinie oder Eiche.

Um die Haltbarkeit zu verlängern, sollten die Hölzer keinen direkten Kontakt zur feuchten Erde haben, sondern auf einem Kiesbett oder mit einer Schutzfolie abgegrenzt werden. Durch ihre warme Ausstrahlung und die eher sanfte Optik sind Holzspiralen vor allem in kleineren Gärten oder als temporäre Lösung beliebt.

→ **Palisaden:** natürlicher Look, einfach zu verbauen
→ **Bohlen:** klare Form, modernere Optik
→ **Hartholz:** (z. B. Lärche, Robinie, Eiche) robust und langlebiger
→ **Weichholz:** (z. B. Fichte, Kiefer) günstiger, aber kürzere Haltbarkeit

→ **Palisadenspirale** → S. 130

Trend-Tipp
Recyclingmaterialien

Alte Ziegel, Bruchsteine oder sogar Betonreste lassen sich für den Bau einer Kräuterspirale nutzen. Das spart Geld, schont Ressourcen und verleiht der Spirale einen ganz eigenen Charakter. Vor allem Ziegel mit Patina oder Natursteinreste aus regionalen Baustellen wirken lebendig und authentisch – und machen die Spirale zu einem nachhaltigen Hingucker.

Auf einen Blick

→ **Naturstein:** Sieht gut aus, solide und dauerhaft. Anspruchsvoller beim Bau
→ **Ziegel:** Schick und natürlich, dauerhaft, einfacher als Naturstein zu verarbeiten
→ **Bauschutt:** Der ultimative Upcycling-Trick. Rustikal und urban
→ **Betonreste:** Als Recycling-Material günstig und wie Stein zu verarbeiten.

Stein #1 Kräuterspirale aus Ziegeln

Ziegel sind ein flexibler und günstiger Werkstoff. Besonders günstig und mit einer schönen Patina sind Bruchsteine aus alten Mauern.

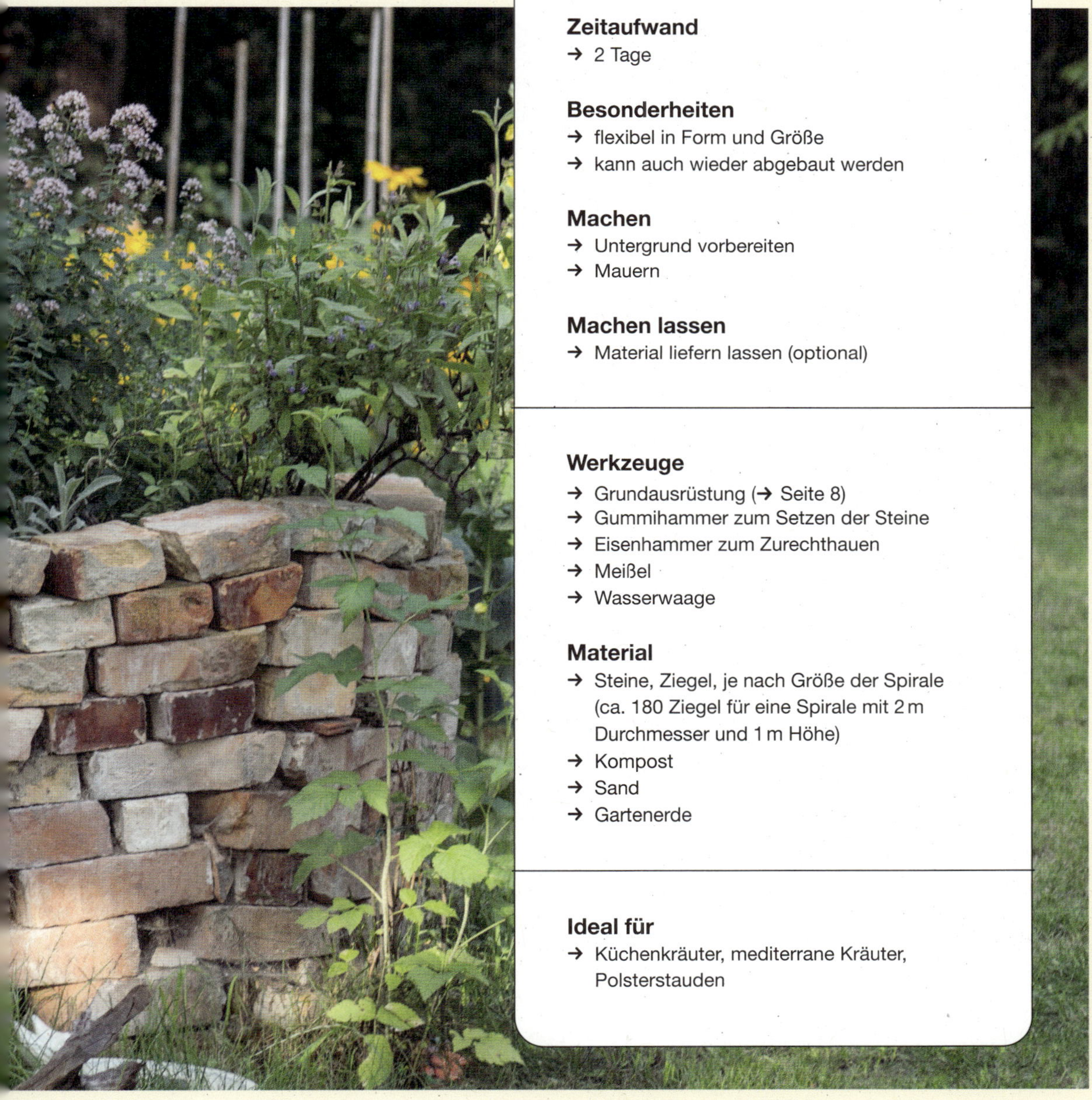

Checkliste

Einfach oder anspruchsvoll?
→ mittel → nur 5 Schritte

Zeitaufwand
→ 2 Tage

Besonderheiten
→ flexibel in Form und Größe
→ kann auch wieder abgebaut werden

Machen
→ Untergrund vorbereiten
→ Mauern

Machen lassen
→ Material liefern lassen (optional)

Werkzeuge
→ Grundausrüstung (→ Seite 8)
→ Gummihammer zum Setzen der Steine
→ Eisenhammer zum Zurechthauen
→ Meißel
→ Wasserwaage

Material
→ Steine, Ziegel, je nach Größe der Spirale (ca. 180 Ziegel für eine Spirale mit 2 m Durchmesser und 1 m Höhe)
→ Kompost
→ Sand
→ Gartenerde

Ideal für
→ Küchenkräuter, mediterrane Kräuter, Polsterstauden

Bauanleitung

Bau deine Kräuterspirale aus Ziegeln

Step 1: Ziegel auslegen und Grasnarbe entfernen

Lege die Ziegel zunächst in Spiralform auf dem Boden aus. So erkennst du gleich die endgültige Form und Größe deiner Kräuterspirale. Markiere den Verlauf mit einer Schnur oder Sand und stich die Grasnarbe mit dem Spaten gründlich ab. Lockere den Boden mit einer Grabegabel, damit später überschüssiges Wasser besser versickern kann.

Ziegel auslegen: Lege den Verlauf der Kräuterspirale fest und bereite den Boden vor.

Experten-Tipp
Wurzelunkräuter
Bevor du mit dem Bau beginnst, entferne unbedingt gründlich alle Wurzelunkräuter wie Quecke, Giersch oder Zaunwinde. Bleiben sie im Boden, wuchern sie später unaufhaltsam durch die Kräuterspirale – und sind dann kaum noch loszuwerden.

Step 2: Ziegel setzen und aufschichten

Beginne nun, die erste Lage Ziegel entlang der Spirale zu setzen. Die Steine sollten dicht an dicht liegen, damit die Wand stabil steht. Schichte die Ziegel anschließend nach und nach auf. Nach außen hin bleibt die Mauer niedrig, nach innen steigt sie bis zu einer Höhe von etwa 80 cm an. Achte darauf, dass die Steine leicht versetzt aufliegen, so bekommt die Mauer Halt.

Individuell deins
Mix & Match

Du kannst für die Kräuterspirale ganz unterschiedliche Materialien verwenden – von Steinen und Ziegeln über Betonpflaster bis hin zu einzelnen Holzstücken. Diese Vielfalt schafft wertvolle Strukturen für nützliche Insekten und andere Tiere. Gleichzeitig sparst du durch das Upcycling vorhandener Baustoffe bares Geld.

Erste Lage setzen: Ziegel dicht an dicht entlang der markierten Spirale legen. Mauer aufschichten: außen niedrig, nach innen bis ca. 80 cm ansteigend.

Bauanleitung

Step 3: Kies und Schotter als Drainage

Fülle den Boden der Spirale mit grobem Material wie Kies, Schotter oder Bruchsteinen. Diese Schicht sorgt dafür, dass überschüssiges Wasser schnell abfließen kann und die Wurzeln deiner Kräuter nicht im Nassen stehen. Besonders im oberen, trockenen Bereich der Spirale ist eine gute Drainage wichtig.

Drainageschicht einfüllen: Kies, Schotter oder Bruchsteine sorgen für guten Wasserabfluss und lockeren Untergrund.

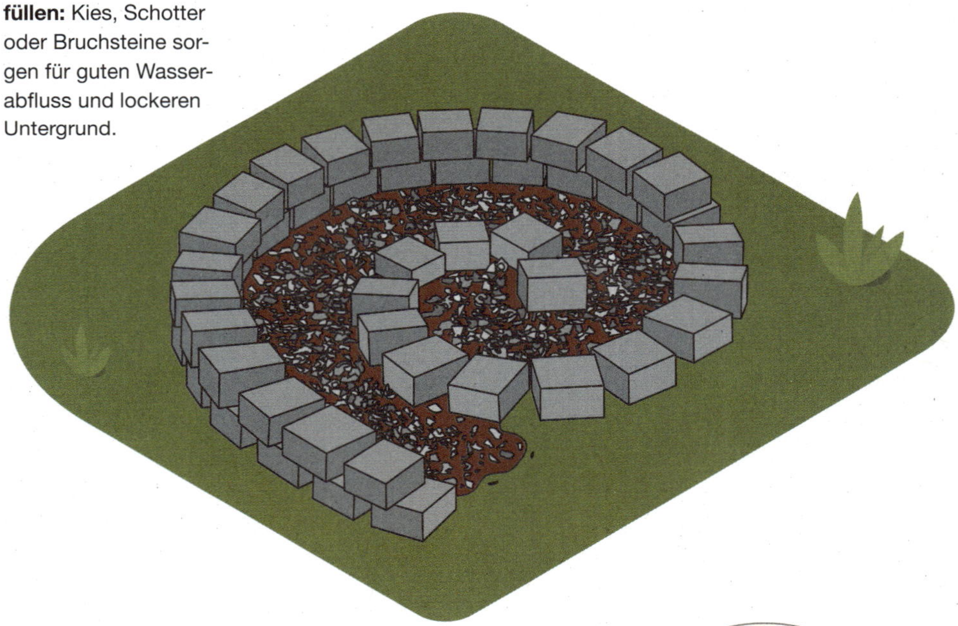

Trend-Tipp
Recycling
Nutze Bruchsteine, Schotter oder übrig gebliebene Ziegelstücke als Drainage. So sparst du Materialkosten – und musst nichts extra entsorgen.

Step 4: Spirale hochmauern

Baue die Spirale nun in die Höhe. Lege weitere Ziegellagen aufeinander, sodass die Mauer spiralförmig bis zur gewünschten Höhe ansteigt. Nach außen hin bleibt sie niedrig, nach innen wird sie immer höher. So entstehen die unterschiedlichen Klimazonen für deine Kräuter.

Spirale hochmauern: Ziegelreihen weiter aufschichten – außen niedrig, innen ansteigend bis ca. 80 cm.

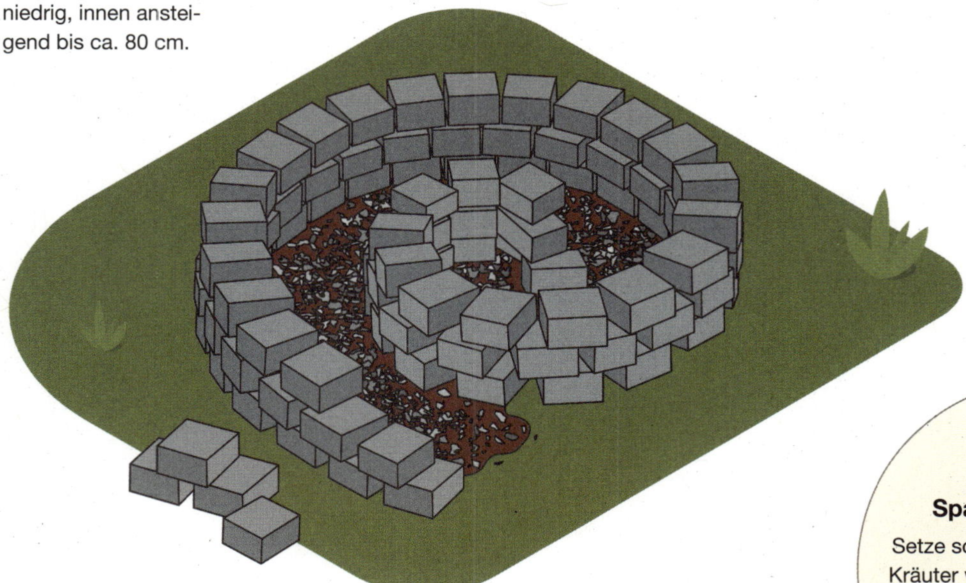

Individuell deins

Spalten bepflanzen

Setze schon beim Aufschichten Kräuter wie Thymian oder Steinkraut in die Fugen. Das lockert die Mauer optisch auf und schafft zusätzlichen Platz für Pflanzen.

Bauanleitung

Step 5: Erde und Substrat einfüllen

Fülle die Spirale von unten nach oben mit unterschiedlichen Substraten. Den unteren Bereich füllst du mit einer Schicht Kompost gemischt mit Gartenerde – das sorgt für Nährstoffe und Feuchtigkeit. Nach oben hin mischst du der Erde zunehmend Sand bei. So entstehen verschiedene Zonen: unten feucht und nährstoffreich, oben trocken und mager. Diese Abstufung macht die Kräuterspirale so vielseitig

Erde und Substrat einfüllen: unten Kompost und Gartenerde, nach oben sandiger – für viele verschiedene Kräuterzonen.

Ergebnis

Jetzt kannst du deine Kräuter einpflanzen. Setze unten feuchtigkeitsliebende Arten wie Petersilie, Schnittlauch oder Minze. In die mittleren Zonen passen Klassiker wie Oregano, Estragon und Bohnenkraut. Ganz oben fühlen sich mediterrane Kräuter wie Thymian, Rosmarin und Salbei wohl. Pro Art reicht es, ein bis zwei Pflanzen zu setzen – das sieht gleich üppig aus, ohne dass sich die Kräuter gegenseitig bedrängen. Statt zweimal die gleiche Art bzw. Sorte zu wählen, kombiniere unterschiedliche Sorten – etwa Thymian und Zitronenthymian. Das bringt Abwechslung in Geschmack und Optik.

Experten-Tipp
Minze im Zaum halten

Minze wächst sehr stark und kann andere Pflanzen schnell überwuchern. Pflanze sie am besten mit einer Rhizomsperre oder gleich in einem Topf, den du in den Boden der Spirale eingräbst.

Noch mehr Spiralen

Kräuterschnecke

Selbst wenn dein Garten kaum Platz hergibt, musst du auf eine Kräuterspirale nicht verzichten. Schon mit ein paar Steinen lässt sich eine kleine Spirale – eine Schnecke – aufschichten, die unterschiedliche Standorte schafft – von sonnig und trocken bis halbschattig und frisch. So wachsen Thymian, Schnittlauch oder Petersilie dicht beieinander, jeder an seinem Lieblingsplatz. Die Minispirale passt sogar auf den Vorgartenstreifen oder direkt an die Terrasse, sodass du deine Kräuter immer griffbereit hast.

Gemüsespirale

Eine Spirale eignet sich nicht nur für Kräuter – auch Gemüse fühlt sich darin wohl. Durch die ansteigende Form entstehen verschiedene Klimazonen: Oben ist es trocken und warm, perfekt für mediterrane Kräuter wie Rosmarin oder Oregano. In den mittleren Lagen wachsen Gemüsearten mit mittlerem Wasserbedarf, zum Beispiel Buschbohnen, Möhren oder Rote Bete. Ganz unten bleibt es am längsten feucht – hier gedeihen Salate, Spinat, Mangold oder auch Erdbeeren besonders gut. So nutzt du jeden Bereich optimal aus.

→ **Praktisch:** Durch die artenreiche Mischung aus Gemüse und Kräutern entstehen kleine Mischkulturen, die sich gegen-

Geschickt wurde die mehrstufige Spirale zum Abfangen des Hangs gebaut.

Es müssen nicht nur Kräuter sein. Auch Gemüse gedeiht in Spiralbeeten.

seitig stärken. Tagetes oder Ringelblumen zwischen Kohl oder Salat schützen zusätzlich vor Schädlingen und bringen Farbe ins Beet. Eine Gemüsespirale ist also nicht nur platzsparend und ertragreich, sondern sieht auch richtig lebendig aus – wie ein kleiner, bunter Naschgarten in Spiralform.

Ein trister Bereich unter Sträuchern wurde durch die Steinspirale aufgewertet.

Kräuterspirale als Gestaltungselement

Eine Spiralform zieht immer den Blick auf sich – und mit der richtigen Bepflanzung wird daraus ein echtes Schmuckstück im Garten. Stauden bringen Struktur, Blütenfarbe und jahreszeitliche Abwechslung hinein: Im Frühjahr kannst du mit Polsterstauden wie Blaukissen oder Steinkraut starten, im Sommer folgen farbenfrohe Dauerblüher wie Mädchenauge oder Storchschnabel, und im Herbst setzen Astern oder Fetthennen Akzente. Auch Gräser passen wunderbar und geben der Spirale Leichtigkeit.

→ **Praktisch:** Durch die Höhenstaffelung schaffst du unterschiedliche Standorte und kannst die Spirale in bestehende Beete oder Rasenflächen integrieren, ohne dass sie fremd wirkt. Besonders harmonisch wirken Natursteine, die sich wie von selbst in den Garten einfügen.

Stein #2
Kräuterturm mit Teich

Wasser ist immer eine Bereicherung im Garten und ermöglicht in Kombination mit einer Kräuterspirale noch mehr Vielfalt.

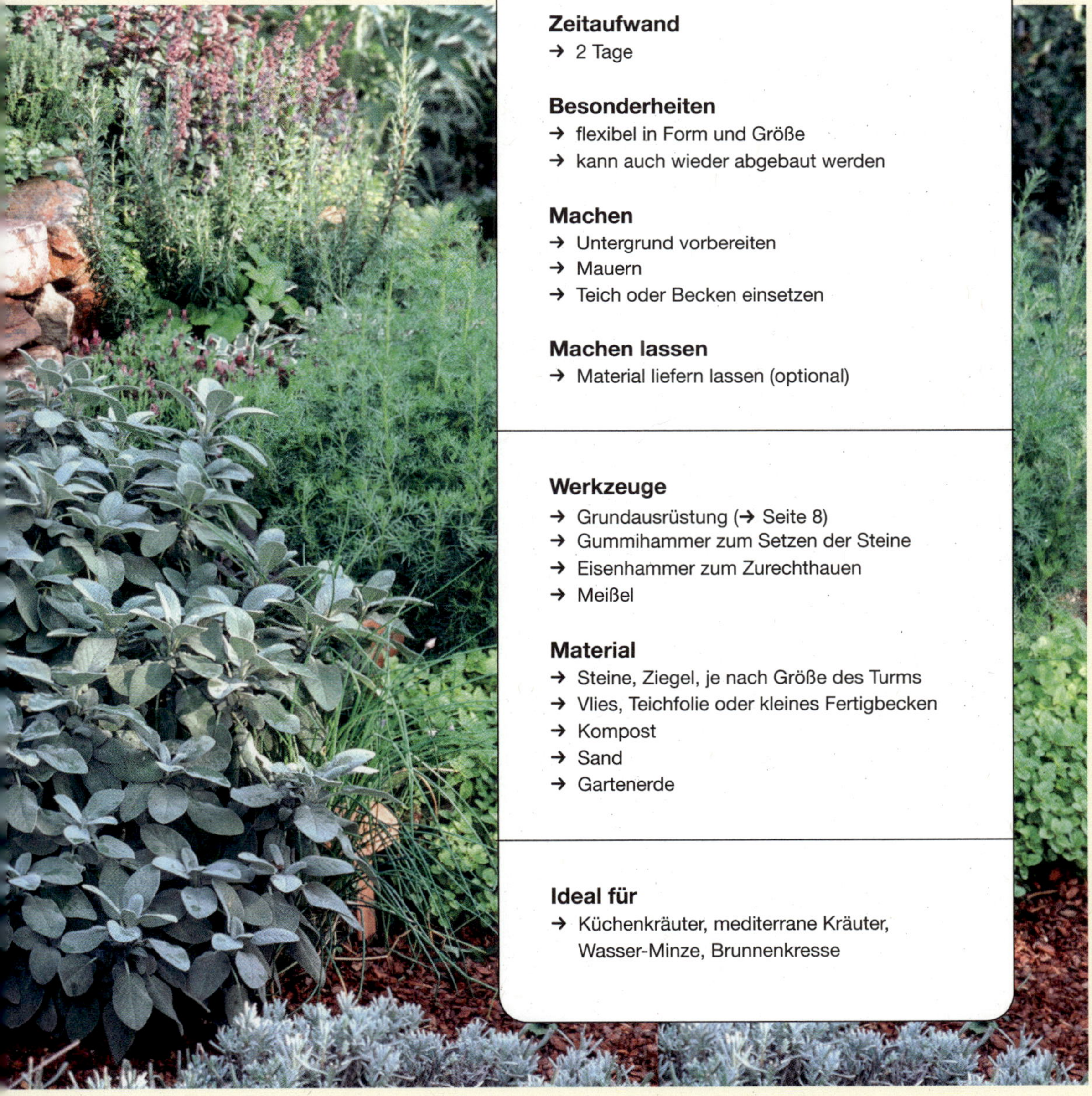

Checkliste

Einfach oder anspruchsvoll?
→ mittel → nur 5 Schritte

Zeitaufwand
→ 2 Tage

Besonderheiten
→ flexibel in Form und Größe
→ kann auch wieder abgebaut werden

Machen
→ Untergrund vorbereiten
→ Mauern
→ Teich oder Becken einsetzen

Machen lassen
→ Material liefern lassen (optional)

Werkzeuge
→ Grundausrüstung (→ Seite 8)
→ Gummihammer zum Setzen der Steine
→ Eisenhammer zum Zurechthauen
→ Meißel

Material
→ Steine, Ziegel, je nach Größe des Turms
→ Vlies, Teichfolie oder kleines Fertigbecken
→ Kompost
→ Sand
→ Gartenerde

Ideal für
→ Küchenkräuter, mediterrane Kräuter, Wasser-Minze, Brunnenkresse

Bauanleitung

Bau deinen Kräuterturm mit Teich

Step 1: Boden vorbereiten und Grasnarbe abziehen

Markiere die Fläche für deinen Kräuterturm samt Teich. Entferne die Grasnarbe gründlich und lockere den Boden mit Spaten oder Grabegabel. So verhinderst du Staunässe und schaffst eine gute Grundlage für das Fundament der Steinmauer.

Boden vorbereiten: Fläche abstecken, Grasnarbe abtragen und Erde gründlich lockern.

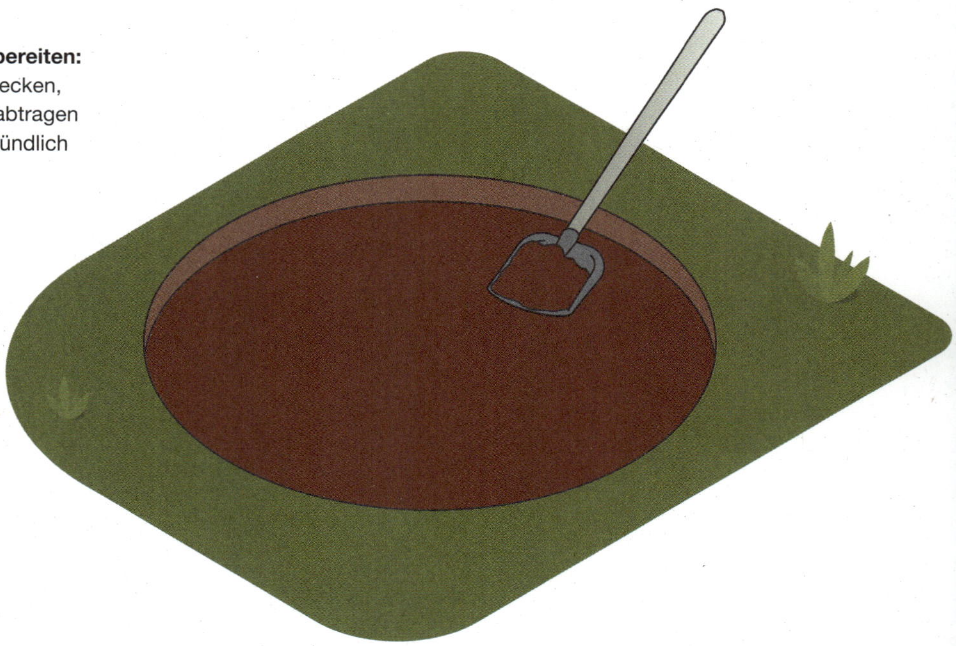

Experten-Tipp
Boden lockern
Lockere den Untergrund sorgfältig und entferne Wurzelunkräuter. Später ist das nicht mehr möglich.

Step 2: Steine aufschichten

Beginne, die Steine kreisförmig anzuordnen. Auch in der Mitte kannst du Steine setzen, so entstehen kleine Kammern mit unterschiedlichen Erd- und Substratbereichen. Schichte die Steine nach und nach höher, sodass eine terrassenartige Form entsteht. Der Turm soll nicht gleichmäßig sein, sondern kleine Nischen und Vorsprünge bieten.

Steine aufschichten:
Ringförmig anordnen, Lage für Lage versetzt aufschichten.

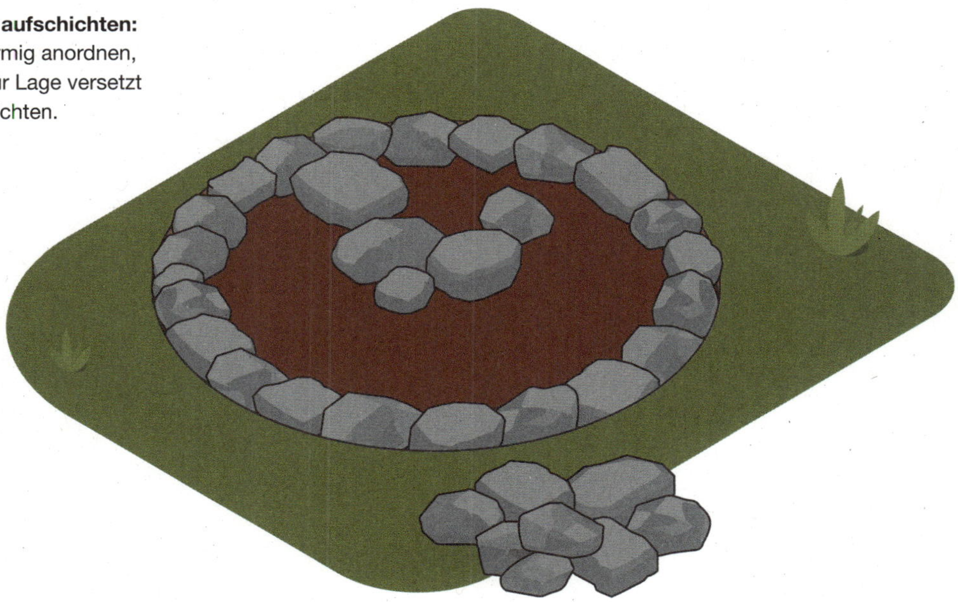

Individuell deins

Mix & Match

Baue den Turm ruhig aus verschiedenen Materialien wie Natursteinen, Ziegeln oder Betonpflaster. Auch alte Balken kannst du integrieren. Das sorgt nicht nur für Abwechslung im Erscheinungsbild, sondern bietet auch wertvolle Lebensräume für Insekten – und spart Kosten durch Upcycling.

Bauanleitung

Step 3: Hügel auffüllen und mit Steinen abschließen

Schichte die Steine nach innen leicht versetzt auf. So entsteht ein stabiler Turm mit Stufen und Fugen, in die du später Kräuter pflanzen kannst. Achte darauf, dass sie gut miteinander verkeilt sind und nicht wackeln. Nur so bleibt der Kräuterturm stabil und standsicher. Fülle nach jeder Lage Steine Erde, Sand und Kompost auf, und achte darauf, dass möglichst wenig Hohlräume entstehen.

Steine aufschichten: Lage für Lage nach innen versetzt einbauen – stabil und mit Pflanzfugen für die Kräuter.

Experten-Tipp
Fugen bepflanzen

Nutze kleine, trockenheitsliebende Kräuter wie Thymian, Steinquendel oder Polsterstauden. Sie wurzeln flach, füllen die Lücken schön aus und halten zusätzlich die Steine zusammen.

Step 4: Teich ausheben

Markiere die Teichfläche vor dem Turm, hebe die Erde aus und forme eine Mulde. Die Tiefe richtet sich nach der Größe deines Beckens oder der Teichfolie, sollte aber mindestens 60 cm betragen.

Teich ausheben: Markiere die Fläche mit Sand oder einer Schnur, damit du die Teichform ausheben kannst.

Bauanleitung

Step 5: Teich abdichten

Kleide die Teichmulde zunächst mit einer Sandschicht aus, um die Folie zu schützen. Darauf legst du ein Vlies und anschließend die Teichfolie oder ein Fertigbecken. Achte darauf, dass keine Falten entstehen und die Folie am Rand großzügig übersteht.

Teich abdichten: Mulde mit Sand auskleiden, Vlies einlegen und Folie oder Fertigbecken einsetzen.

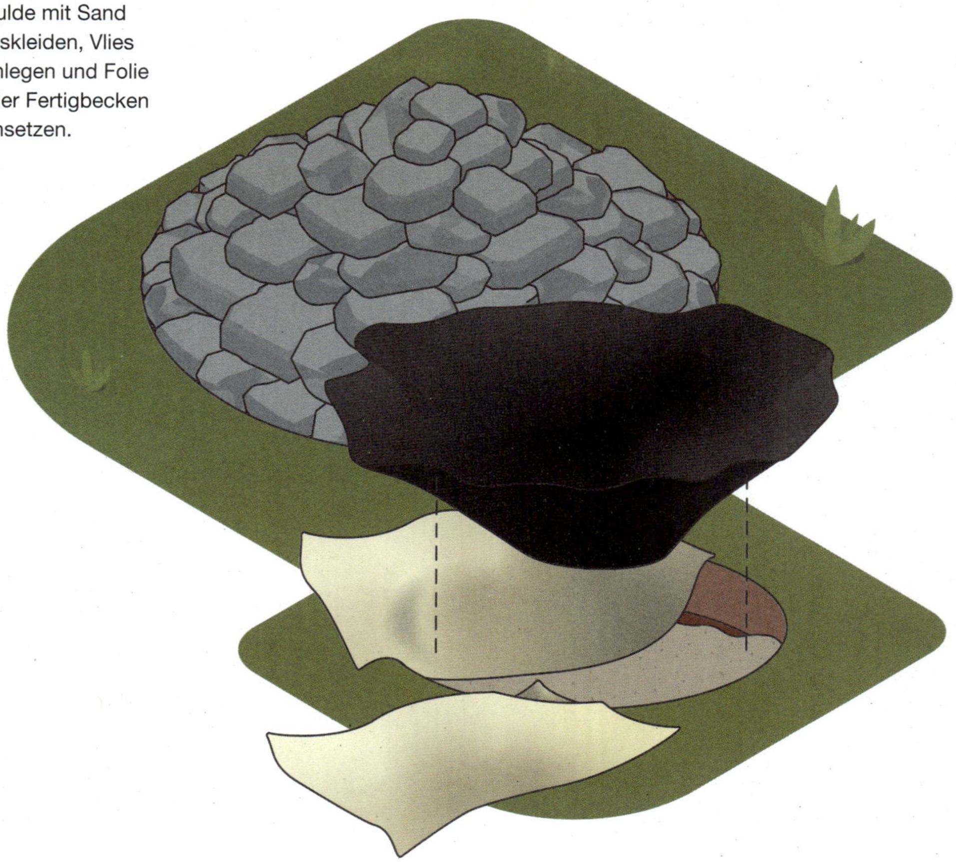

Ergebnis

Der Kräuterturm mit Teich ist fertig – jetzt kannst du bepflanzen. In die Mauern kommen aromatische Kräuter wie Salbei, Oregano oder Thymian. Rund um den Teich passen feuchtigkeitsliebende Pflanzen wie Brunnenkresse oder Minze. Am besten setzt du pro Art zwei bis drei Pflanzen, so wirkt die Pflanzung von Anfang an üppig. Was zu üppig wächst, kann einfach beim Ernten entfernt werden.

Individuell deins

Teichrand gestalten
Gestalte den Teichrand naturnah mit Steinen oder Holzstücken. So finden Insekten und kleine Tiere einen sicheren Ausstieg.

Brunnenkresse pflanzen: Brunnenkresse fühlt sich direkt am Wasserrand oder in flachen Teichzonen besonders wohl. Sie wächst schnell, filtert das Wasser und liefert dir zudem frische, würzige Blätter für die Küche. Am besten setzt du sie in ein Seerosen- oder Wasserpflanzenkörbchen.

Noch mehr Miniteiche

Folienteich

Mit Teichfolie kannst du dir am Fuß deiner Spirale einen kleinen, naturnahen Teich gestalten.

→ **Vorteil:** Größe und Form sind frei wählbar, du passt die Maße genau an deine Spirale an. Die unterste Zone eignet sich perfekt für feuchtigkeitsliebende Kräuter wie Brunnenkresse oder Wasserminze. Rund um den Folienteich finden auch Sumpfpflanzen oder Blühstauden Platz, die Insekten anlocken und den Teichrand verschönern. Achte darauf, eine flache Einstiegszone einzuplanen, damit Tiere ins Wasser gelangen können – und wieder hinaus. Mit etwas Kies und Steinen wirkt der Folienteich wie ein kleines Naturbiotop – lebendig, abwechslungsreich und voller Leben.

Kunststoffwanne

Die einfachste Lösung für ein Mini-Wasserbecken ist eine eingebaute Mörtelwanne. Sie ist preiswert, robust und schnell eingesetzt. Du musst sie nur eingraben und befüllen.

→ **Tipp:** Bohre kleine Löcher am Rand, damit überschüssiges Wasser dorthin ablaufen kann, wo sich keine Staunässe bildet. Mit ein paar Steinen und Pflanzen kaschierst du den Rand im Handumdrehen, sodass die Wanne unsichtbar wird. So entsteht ein kleines Wasserparadies für Minze, Brunnenkresse und Co., das zusätzlich Insekten

Mit Teichfolie bist du am flexibelsten, was Größe und Form des Wasserbeckens angeht.

Schon kleinste Gefäße mit Wasser bringen mehr Vielfalt und Leben in deinen Garten.

und Vögel anzieht – unkompliziert und sehr praktisch.

→ **Ausstieg für Tiere:** Ein kleiner ins Wasser ragender Ast oder ein Brett am Rand ermöglicht Tieren, die in das Becken gefallen sind, wieder herauszuklettern.

Fertigteich

Wenn du es besonders einfach haben möchtest, setze ein Fertigteichbecken ein. Sie sind stabil, langlebig, in vielen Größen und Formen erhältlich und oft schon mit abgestuften Tiefenzonen ausgestattet. Du kannst darin sogar kleine Seerosen oder Sumpfpflanzen einsetzen, während am Rand Kräuter wie Baldrian, Melisse oder Minze gedeihen.

→ **Vorteil:** Solche Gefäße lassen sich leicht reinigen oder bei Bedarf versetzen.

Upcycling

Besonders dekorativ wirken alte Gefäße wie eine Zinkwanne oder ein Trog, die du upcycelst – sie haben einen individuellen Charakter und machen das Wasser zum Blickfang.

Eine alte Waschschüssel aus Emaille hat als Miniteich eine neue Verwendung bekommen.

Holz #3
Palisadenspirale

Palisaden sind ein flexibler Werkstoff, mit dem du nicht nur Einfassungen und Zäune, sondern auch eine Kräuterspirale bauen kannst.

Checkliste

Einfach oder anspruchsvoll?
→ einfach → nur 5 Schritte

Zeitaufwand
→ 1 Tag

Besonderheiten
→ flexibel in Form und Größe
→ kann auch wieder abgebaut werden

Machen
→ Untergrund vorbereiten
→ Pflöcke zuschneiden
→ Wurzelvlies einziehen

Machen lassen
→ Schneckenzaun als Einfassung (optional)

Werkzeuge
→ Grundausrüstung (→ Seite 8)
→ Säge, am besten kleine Akku-Kettensäge
→ Sägebock, kleines Brett
→ Gummihammer zum Setzen der Pflöcke
→ Gartenschnur

Material
→ Pflöcke oder Rundholz, je nach Größe der Spirale (hier ca. 25 Stück, 1,85 lang)
→ Draht zum Fixieren, Drahtkrampen
→ Wurzelschutzvlies

Ideal für
→ Mediterrane Kräuter, Küchenkräuter (mind. 6 Stunden Sonne pro Tag)

Bauanleitung

Bau deine Palisadenspirale

Step 1: Pflöcke zusägen

Miss die vorbereiteten Pflöcke aus und markiere die Schnittlängen. Spitze die Pfosten unten leicht an, damit sie später besser in die Erde eingeschlagen werden können. Für die Spirale brauchst du Pfosten in vier verschiedenen Längen: 8 × 120 cm, 18 × 90 cm, 18 × 70 cm und 16 × 50 cm.

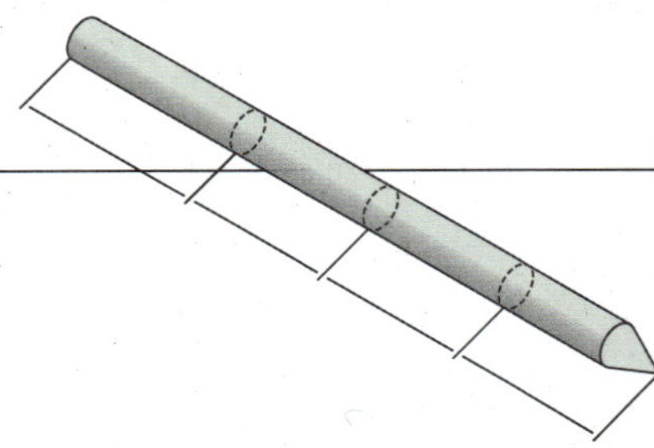

Palisaden zusägen: Pflöcke auf Länge schneiden und mit der Säge unten anspitzen – für stabilen Halt im Boden.

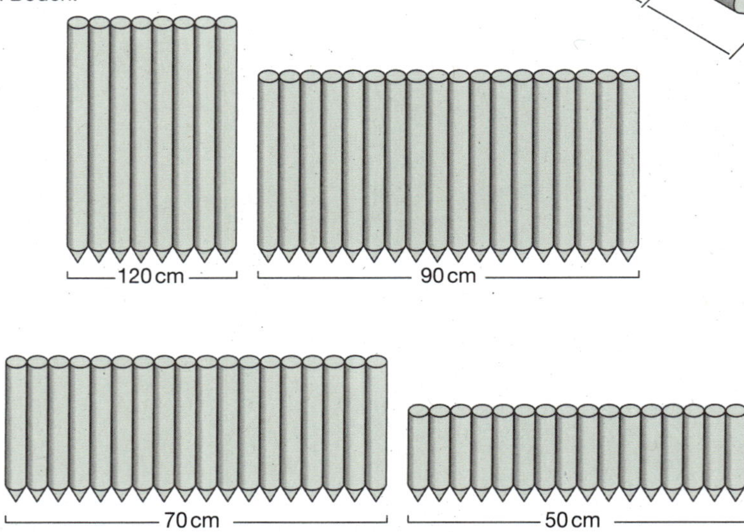

Markieren: Mit einem wasserfesten Marker kannst du die Abschnitte zum Sägen an den Pflöcken markieren.

Step 2: Standort festlegen und ausrichten

Wähle einen sonnigen Platz im Garten. Markiere den spiralförmigen Verlauf am Boden mit einem Seil, das du in Windungen legst. Halte etwa 40 cm Abstand zwischen den Seilen ein – so bestimmst du die endgültige Form der Spirale.

Standort markieren: Spirale mit Seil auf sonniger Fläche auslegen und die Form festlegen.

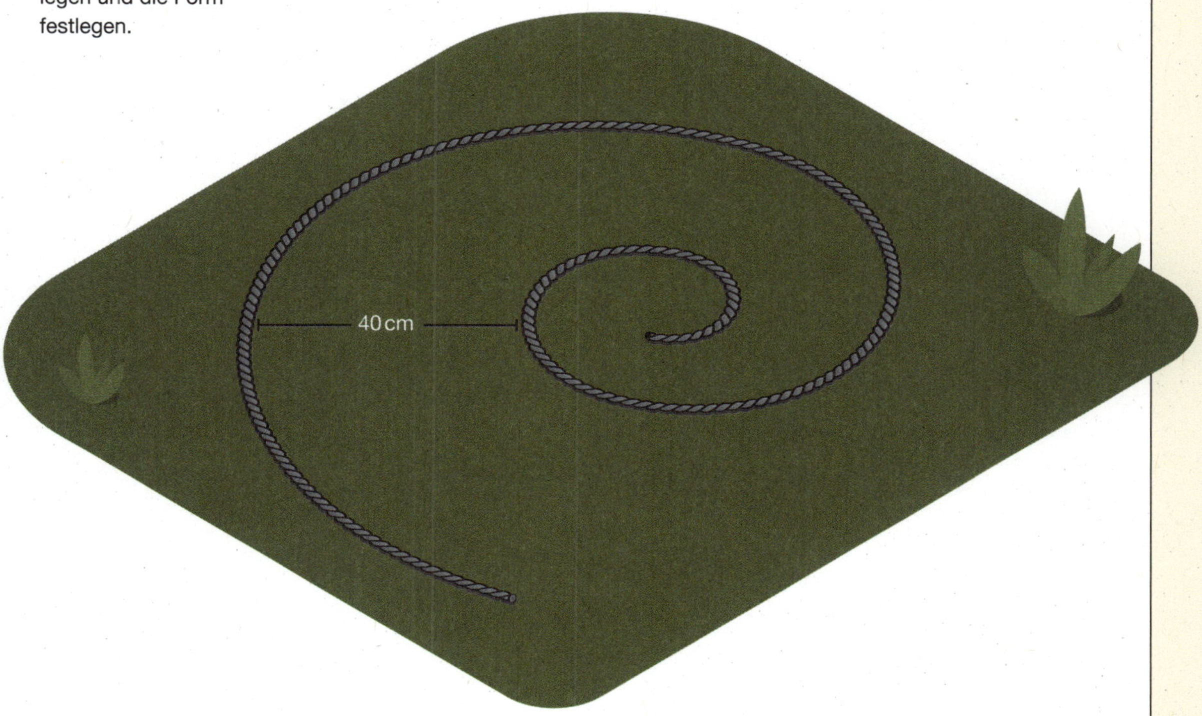

Bauanleitung

Step 3: Holzpflöcke einschlagen

Beginne mit dem längsten Pflock im Zentrum der Spirale. Schlag ihn etwa 30 cm tief in den Boden. Setze den nächsten Pflock jeweils ca. 1,5 cm tiefer, sodass ein gleichmäßiges Gefälle entsteht. Arbeite dich spiralförmig von innen nach außen vor, bis die gesamte Markierung mit Pflöcken versehen ist.

Holzpflöcke einschlagen: Den längsten Pflock innen setzen, nach außen spiralförmig kürzere Pflöcke einschlagen.

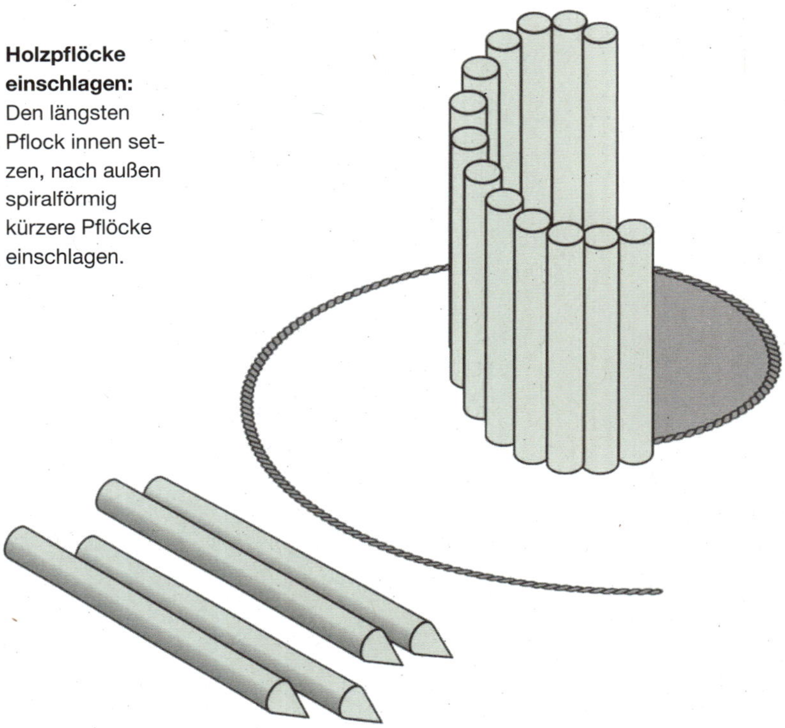

Tipp: Lege beim Einschlagen ein Holzbrett auf den Pflock. So verteilst du die Schlagkraft auf eine größere Fläche und verhinderst Risse im Holz.

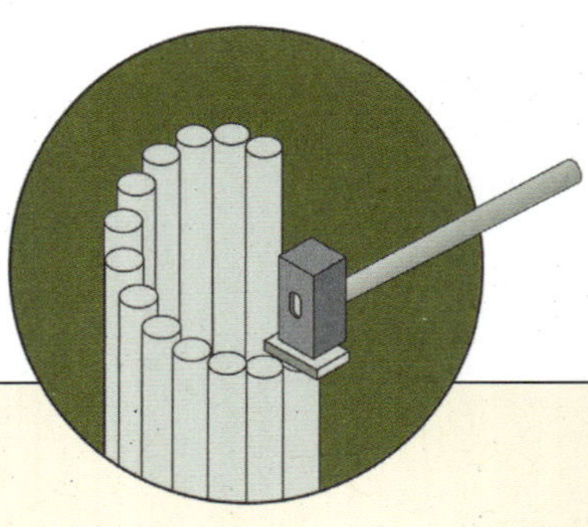

Step 4: Seitenteile verbinden

Zur Stabilisierung umwickelst du die Pflöcke mit einem rostfreien Draht. Kürze das überstehende Drahtende und fixiere es mit U-Klammern. Führe den Draht spiralförmig um die Pflöcke und befestige ihn an jedem vierten Pflock mit einer Klammer, bis alle verbunden sind.

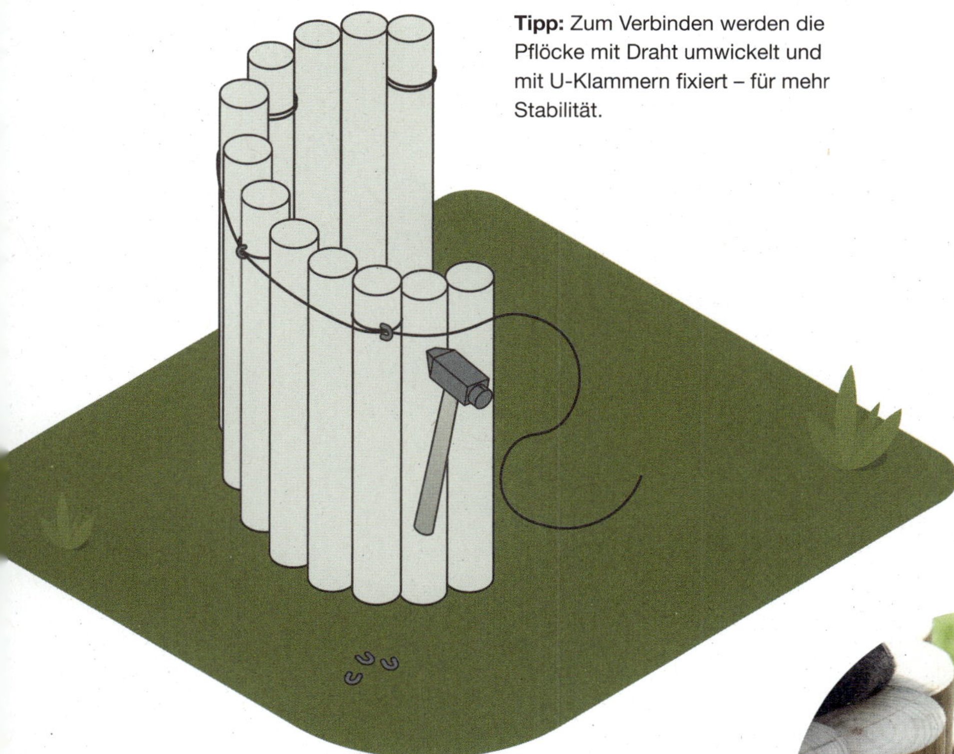

Tipp: Zum Verbinden werden die Pflöcke mit Draht umwickelt und mit U-Klammern fixiert – für mehr Stabilität.

Experten-Tipp
Rostfreien Draht verwenden
Verwende verzinkten oder rostfreien Draht. Er hält die Palisaden dauerhaft stabil und verhindert, dass sich die Verbindung mit der Zeit lockert.

Bauanleitung

Step 5: Wurzelschutzvlies einlegen

Tackere ein Wurzelschutzvlies an die Innenseite der Palisaden. Es schützt das Holz vor Nässe und verhindert, dass Erde durch die Fugen ausgewaschen wird. Lege das Vlies sorgfältig an und fixiere es über die gesamte Höhe der Spirale mit Drahtkrampen oder einem Tacker.

Vlies einlegen: An die Innenseite tackern – das schützt das Holz und hält Erde in der Spirale.

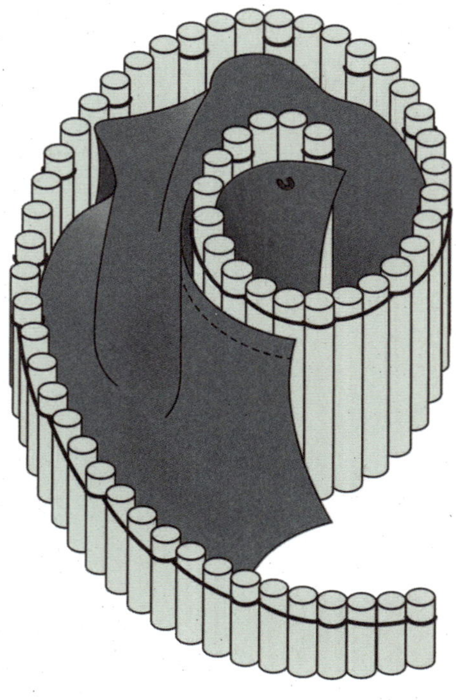

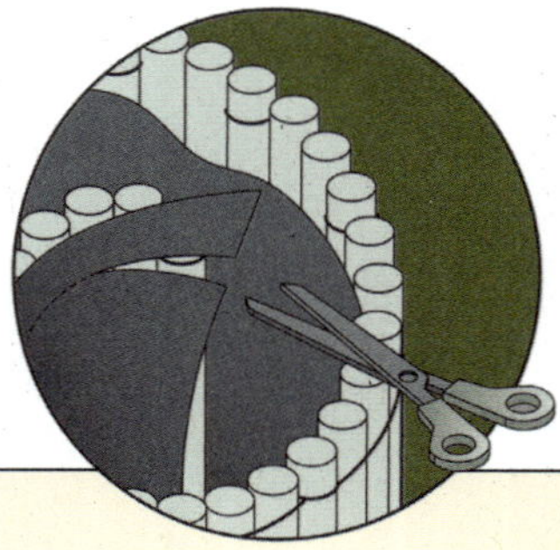

Tipp: Überschüssiges Vlies an den Rändern und auf dem Boden kannst du einfach mit einer Schere abschneiden, damit es später nicht stört und Wasser ungehindert versickern kann.

Ergebnis

Nun kannst du die Spirale mit Erde befüllen und bepflanzen. Unten setzt du feuchtigkeitsliebende Kräuter wie Petersilie, Schnittlauch oder Minze. In den mittleren Bereich kommen Oregano, Estragon oder Zitronenmelisse. Ganz oben fühlen sich mediterrane Kräuter wie Thymian, Rosmarin oder Salbei wohl. Pro Sorte reichen zwei bis drei Pflanzen. Wer mag, kombiniert verschiedene Sorten einer Art, z. B. Thymian und Zitronenthymian, für Abwechslung in Duft und Geschmack.

Tipp: Minze nur mit Rhizomsperre pflanzen, da sie stark wuchert.

Fertig bepflanzen: unten feuchtigkeitsliebende, oben mediterrane Kräuter oder Gemüse – pro Sorte zwei bis drei Pflanzen.

Rahmenbeete und Einfassungen

Dank ihrer Einfassung haben Rahmenbeete eine klare Form. Diese sorgt für Ordnung und setzt gleichzeitig dekorative Akzente. Ob aus Holz, Stein oder Metall – Einfassungen trennen Rasen und Wege von den Beeten, verhindern das Ausbreiten wuchernder Pflanzen und erleichtern die Pflege.

→ aus Holz

Das Praktische.
Holz ist ein idealer Baustoff im Garten und ganz besonders für Rahmenbeete. Einfach zu verarbeiten und flexibel für jede Größe und Form.

#1 Rahmenbeet aus Holz
Seite 144

→ aus Stein

Die Solide.
Dauerhaft und robust. Ob Naturstein, Ziegel oder Pflaster: Einfassungen aus Stein passen zu jedem Gartenstil.

#2 Einfassung aus Stein
Seite 154

→ aus Metall

Die Elegante.
Einfassungen und Beetkanten aus Metall sind stylisch und passen in traditionelle wie in moderne Gärten.

#3 Einfassung aus Metall
Seite 164

Eine Kante – viele Vorteile

1. Beeteinfassungen zeigen, wo das Beet beginnt und wo der Rasen oder Weg aufhört. Das bringt Übersicht in den Garten und erleichtert die Pflege, weil alles seinen festen Platz hat.

2. Eine Einfassung wirkt wie eine Barriere gegen Gras und wuchernde Pflanzen, die sonst ins Beet hineinwachsen würden. Das reduziert den Pflegeaufwand: du musst weniger jäten, schneiden und zupfen.

3. In Rahmenbeeten lässt sich die Erde genau so aufbereiten, wie es die Pflanzen brauchen. Ob lockerer, humusreicher Boden für Gemüse oder sandiger, durchlässiger Boden für mediterrane Kräuter – du bestimmst die Mischung und kannst das anbauen, was du möchtest – und nicht, was der Gartenboden vorgeben würde.

4. Ob Holz, Stein oder Metall – eine stabile Einfassung sorgt für glatte Beetkanten und einen ordentlichen Gesamteindruck. Das Beet ist eingerahmt und hebt sich klar vom übrigen Garten ab.

5. Rahmenbeete und Einfassungen lassen sich ganz nach Bedarf gestalten. Ob rund, eckig, lang oder klein – sie passen sich deinem Garten an und können jederzeit erweitert oder verändert werden.

6. Das Material einer Einfassung ist mehr als nur praktisch: Holz wirkt rustikal und warm, Naturstein fügt sich harmonisch ein, Metall bringt eine moderne Note. So wird die Einfassung selbst zum Gestaltungselement.

Das beste Baumaterial

Holz

Beeteinfassungen aus Holz sind leicht zu bauen, günstig und vielseitig. Sie brauchen jedoch Schutz vor Feuchtigkeit, damit sie nicht zu schnell verrotten. Von außen kannst du das Holz mit einer Lasur behandeln, innen schützt eine Folie oder ein Noppenband vor Nässe. Weichholz wie Fichte oder Tanne ist preiswert, aber weniger haltbar. Harthölzer wie Robinie oder Lärche sind langlebiger und entwickeln mit der Zeit eine schöne Patina.

Holz passt in naturnahe und rustikale Gärten, lässt sich einfach anpassen und jederzeit austauschen

→ **Weichholz** (Fichte, Tanne, Kiefer) ist günstig, hält aber nur zwei bis fünf Jahre.

→ **Hartholz** (Eiche, Kastanie, Robinie, Ulme, Lärche) ist sehr robust, aber teurer.

→ **Einfassung aus Holz** → S. 144

Fakten-Checker

Regionale Hölzer statt Exotenholz

Auch bei Einfassungen gilt: Tropenholz wie Bangkirai oder Teak belastet die Umwelt. Greife lieber auf regionale Hölzer zurück – sie sind nachhaltiger und optisch meist passender.

Stein

Stein-Einfassungen sind besonders langlebig und wirken hochwertig. Sie passen zu fast jedem Gartenstil und geben Beeten eine klare Struktur. Naturstein wirkt harmonisch und fügt sich optisch ideal in den Garten ein. Ziegel oder Klinker sind in vielen Farben erhältlich und können Beeten einen lebendigen Charakter geben. Beton eignet sich für geradlinige, moderne Einfassungen. Trockenmauern sind zusätzlich wertvolle Lebensräume für Insekten und Eidechsen.

→ **Naturstein:** harmonisch, langlebig, regional erhältlich.
→ **Ziegel/Klinker:** günstig, farbig und lebendig.
→ **Beton:** klar und modern, frostfest.
→ **Trockenmauer:** anspruchsvoll, ökologisch wertvoll.

→ **Einfassung aus Stein** → S. 154

Metalle

Einfassungen aus Metall sind modern, elegant und langlebig. Sie eignen sich besonders für kleine Gärten oder Beete mit klarer Formensprache. Stahlbleche lassen sich einfach biegen und einsetzen, Cortenstahl bildet eine dekorative Rostpatina, verzinkter Stahl ist pflegeleicht und stabil.

→ **Stahlblech:** flexibel und unauffällig.
→ **Cortenstahl:** rostet dekorativ, sehr langlebig.
→ **Verzinkter Stahl:** robust und neutral.

→ **Einfassung aus Metall** → S. 164

Trend-Tipp
Upcycling

Fertige Beetkanten aus Recycling-Kunststoff oder wiederverwertetem Metall sind eine umweltfreundliche Alternative. Auch alte Materialien wie ausgediente Wegplatten oder gebrauchte Ziegel lassen sich kreativ einsetzen – so sparst du Kosten, reduzierst Abfall und gibst dem Garten einen individuellen Charakter.

Auf einen Blick

→ **Holz:** flexibel einsetzbar, leicht zuzuschneiden und praktisch für Beete in verschiedenen Formen.

→ **Naturstein:** solide und harmonisch, fügt sich gut in die Umgebung ein, langlebig.

→ **Ziegel:** preiswert und in vielen Farben erhältlich. Sie bringen Lebendigkeit ins Beet und eignen sich gut für verspielte oder ländliche Gärten.

→ **Metall:** modern, schlank und sehr dauerhaft. Perfekt für klare Linien, kleine Gärten oder Beete mit architektonischem Anspruch.

Holz #1
Rahmenbeet aus Holz

Wenn du Ordnung und Struktur im Garten willst, sind Rahmenbeete genau das Richtige. Sie erleichtern obendrein die Arbeit.

Checkliste

Einfach oder anspruchsvoll?
→ einfach → nur 5 Schritte

Zeitaufwand
→ 1 Stunde

Besonderheiten
→ flexibel in Form und Größe
→ kann auch wieder abgebaut werden

Machen
→ Bretter zusägen
→ Bretter verschrauben

Machen lassen
→ Schneckenzaun als Einfassung (optional)

Werkzeuge
→ Grundausrüstung (→ Seite 8)
→ Wasserwaage

Material
→ Bretter, ca. 20 cm breit, 5 cm dick, Länge und Breite nach Belieben
→ Spax-Schrauben (28–30 Stück)

Ideal für
→ Tomaten, Bohnen, Zucchini, Kohl, Salate, Mangold und Kräuter (mind. 6 Stunden Sonne pro Tag)

Bauanleitung

Bau dein Rahmenbeet aus Holz

Step 1: Material bereitlegen

Schneide die Bretter in der gewünschten Länge und Breite zu. Zusätzlich brauchst du vier Kanthölzer für die Ecken – sie stabilisieren den Rahmen und verhindern, dass sich die Konstruktion später verzieht. Überlege dir vorher, wie groß dein Beet werden soll. Für Gemüsebeete sind 1,20 m Breite ideal, da du bequem von beiden Seiten in die Mitte greifen kannst.

Material bereitlegen und zuschneiden: Bretter in Länge und Breite zuschneiden (wenn das noch nicht im Baumarkt geschehen ist) plus vier Kanthölzer für stabile Ecken.

Step 2: Rahmen zusammenschrauben

Lege die Bretter zu einem Rechteck aus und verschraube sie mit den Kanthölzern in den Ecken. Bohre die Schraublöcher am besten vor, damit das Holz nicht reißt. Setze die Bretter bündig zusammen, so entsteht ein stabiler und sauberer Rahmen.

Rahmen zusammenschrauben: Bretter im rechten Winkel aneinanderstellen und zusammenschrauben.

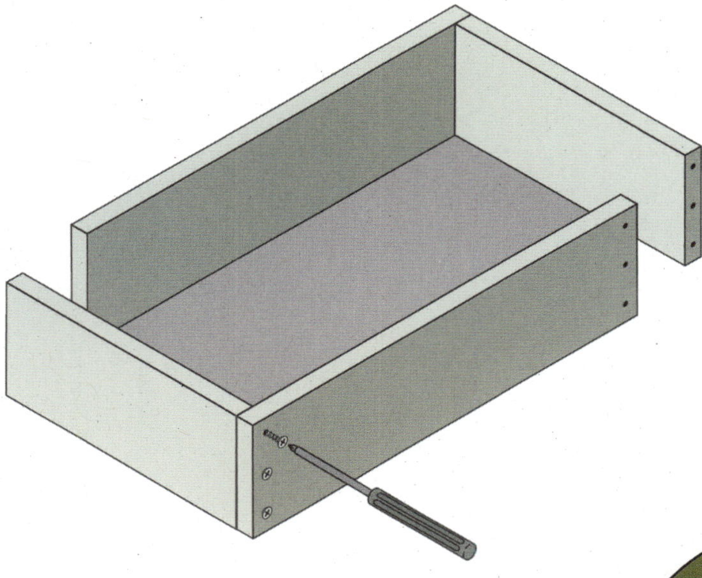

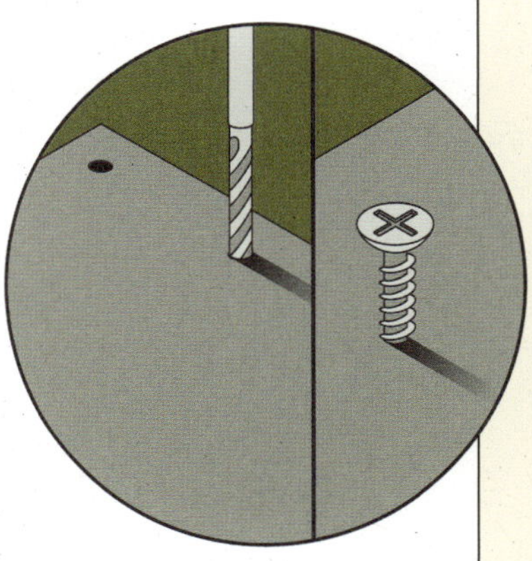

Löcher immer vorbohren: Das verhindert, dass das Holz beim Eindrehen der Schrauben reißt.

Bauanleitung

Step 3: Kanthölzer zur Eckverstärkung

Schraube die vorbereiteten Kanthölzer an die Innenseiten der Ecken. Sie geben dem Rahmen zusätzliche Stabilität und verhindern, dass sich die Konstruktion mit der Zeit lockert. Achte darauf, dass die Kanthölzer bündig sitzen und die Schrauben tief genug versenkt sind.

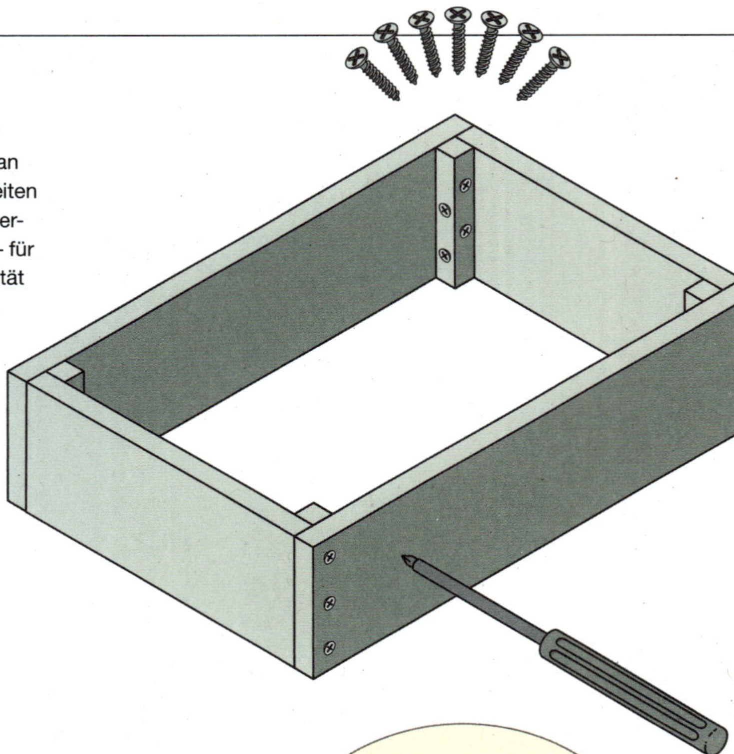

Kanthölzer einsetzen: an den Innenseiten der Ecken verschrauben – für mehr Stabilität im Rahmen.

Experten-Tipp

Kein Holzschutz nötig

Die dicken Holzbalken sind an für sich recht robust und halten auch ohne Holzschutz mindestens vier bis fünf Jahre. Ein Holzschutz ist daher nicht nötig. Wenn die Einfassung morsch geworden ist, kann sie gestapelt im Garten als Biotop für allerlei Getier dienen.

Ideal für die Jungpflanzenanzucht: Rahmenbeete bieten ein geschütztes Umfeld für zarte Jungpflanzen, da sie bei Kälte einfach mit einem Vlies abgedeckt werden können.

Ergebnis

Deine Holzeinfassung ist fertig und sofort einsatzbereit. Stelle sie am gewünschten Platz auf, fülle Gartenerde oder eine Mischung aus Kompost und Erde ein und bepflanze sie nach Wunsch. Besonders gut eignen sich Gemüse, Kräuter oder auch Salate. Das Rahmenbeet ist ideal für kleinere Flächen, ordnet den Garten klar und erleichtert die Pflege.

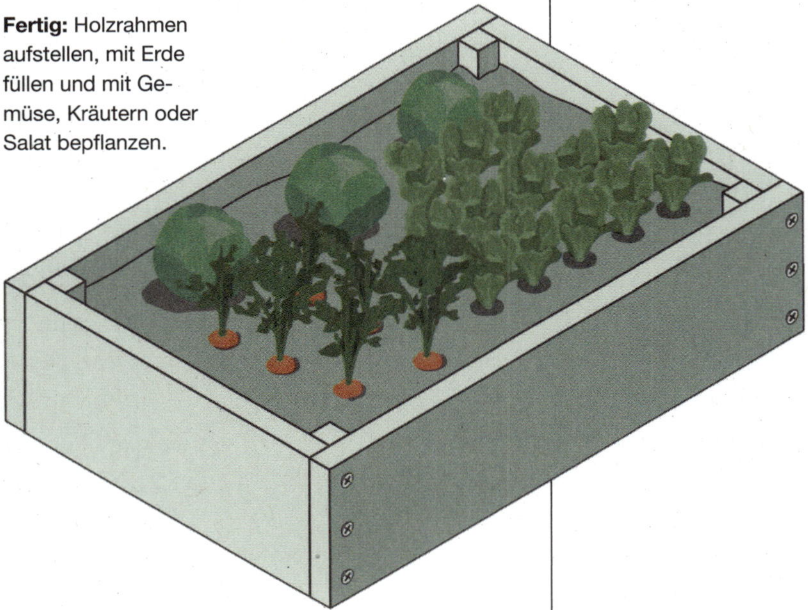

Fertig: Holzrahmen aufstellen, mit Erde füllen und mit Gemüse, Kräutern oder Salat bepflanzen.

Experten-Tipp

Als Frühbeet nutzen

Mit einer Abdeckung aus Folie, Glas oder einem alten Fenster machst du aus deinem Rahmenbeet im Handumdrehen ein Frühbeet (→ Seite 40). So startest du früher in die Saison und schützt deine Jungpflanzen vor Kälte und Wind.

Weidenflechtzaun: natürlich, dekorativ und perfekt für Kräuter- oder Gemüsebeete.

Noch mehr Ideen mit Holz

Weidenflechtzaun

Ein Weidenflechtzaun gehört zu den schönsten und ursprünglichsten Formen der Beetbegrenzung. Die biegsamen Ruten lassen sich zu geschwungenen, organischen Linien verflechten, die sich perfekt in den Garten einfügen. Besonders im Nutzgarten macht er eine gute Figur, weil er die Beete nicht streng einrahmt, sondern ihnen eine natürliche Leichtigkeit verleiht. Gleichzeitig hat er praktische Vorzüge: Er stabilisiert lockere Erde, verhindert das Abschwemmen bei Regen und hält Wege sauber. Da Weidenruten regelmäßig austreiben können, wirken die Zäune mitunter sogar lebendig. Mit etwas Geschick lässt sich ein Flechtzaun selbst herstellen – so erhältst du eine individuelle, nachhaltige Einfassung, die zu Kräutern, Gemüse und Stauden gleichermaßen passt.

Kanthölzer im Mörtel- oder Kiesbett sind eine dauerhafte Einfassung für Stauden- und Blumenbeete.

Kanthölzer

Kanthölzer sind eine robuste Lösung, wenn es um klare und dauerhafte Beetkanten geht. In ein Mörtel- oder Kiesbett gesetzt, bilden sie eine stabile Einfassung, die selbst bei größeren Beeten zuverlässig hält. Die gerade Form wirkt modern und ordnend, sodass auch streng gestaltete Gärten von dieser Bauweise profitieren. Durch die solide Verankerung verschieben sich die Hölzer nicht und können viele Jahre im Garten bestehen. Besonders praktisch ist, dass Kanthölzer auch kleine Höhenunterschiede im Gelände abfangen und so abgestufte Beete entstehen lassen. Mit etwas Kreativität kannst du sie sogar farbig lasieren oder in Kombination mit Naturstein einsetzen.

Rundholz

Rundhölzer oder Palisaden sind eine dekorative Möglichkeit, Beete einzurahmen. Sie werden dicht nebeneinander in den Boden gesetzt und ergeben eine gleichmäßige, leicht geschwungene Linie. So lassen sich Gemüse- und Blumenbeete ebenso gut einfassen wie kleine Inselbeete im Rasen. Ihr ländlicher Charakter bringt Natürlichkeit in den Garten, ohne streng zu wirken. Gleichzeitig halten sie zuverlässig die Erde zurück, was besonders bei leicht erhöhten oder lockeren Beeten von Vorteil ist. Kombiniert mit Stauden, Sommerblumen oder Kräutern entsteht ein Rahmen, der sich für Familiengärten oder naturnahe Bereiche eignet.

Rundhölzer und Palisaden eignen sich gut für kleine und mittelgroße Inselbeete in Rasenflächen.

Transportkistenaufsätze werden mit wenigen Handgriffen zu praktischen Beeteinfassungen.

Eine alte Einfassung muss nicht unbedingt entfernt werden, sie kann auch einfach im Beet bleiben und du setzt eine neue obendrauf.

Palettenaufsatzrahmen

Palettenaufsatzrahmen sind eine clevere und günstige Möglichkeit, mittelhohe Beeteinfassungen im Handumdrehen zu bauen. Die Rahmen, ursprünglich für den Transport von Waren auf Paletten gedacht, lassen sich einfach stapeln, kombinieren und an die gewünschte Größe anpassen. Durch das modulare System kannst du sie flexibel einsetzen – ob als niedrige Beetumrandung für Salat und Kräuter oder – aufeinander gestapelt – als höheres Hochbeet für Gemüse. Mit etwas Farbe oder einer Lasur werden sie nicht nur robust, sondern auch optisch ein schöner Hingucker. Ideal für alle, die unkompliziert und nachhaltig Beete einfassen möchten.

Holzleisten als Wegeinfassung

Schmale Holzleisten sind eine einfache, aber wirkungsvolle Lösung, um Wege im Garten sauber einzufassen. Sie bringen Ordnung in Beetanlagen, verhindern, dass Erde oder Mulch auf die Wege rieselt, und schaffen klare Übergänge zwischen Pflanzflächen und Trittbereichen. Besonders im Nutzgarten sind Holzleisten praktisch, da sie Beete strukturiert und übersichtlich wirken lassen. Auch im Ziergarten leisten sie gute Dienste: Blumen- oder Staudenrabatten erhalten durch die Einfassung einen feinen Rahmen, ohne dass die natürliche Wirkung der Pflanzen verloren geht. Holzleisten lassen sich leicht selbst zusägen und montieren – eine kostengünstige und unkomplizierte Methode, Wege und Beete formschön zu gliedern.

Experten-Tipp

Drin lassen statt neu machen

Alte Rahmen aus Holz musst du nicht mühsam entfernen. Lass sie im Beet, dort verrotten sie nach und nach. Setze neue Rahmen einfach obendrauf – so entsteht ein stabiles Beet, und das alte Holz wird nebenbei zu wertvollem Humus.

Holzleisten rahmen den Weg durch den Staudengarten ein und verhindern, dass der Rindenmulch in die Beete gelangt.

Stein #3
Einfassung aus Stein

Eine Einfassung aus Stein schafft mehr als Ordnung: Je nach Wahl der Steine wird sie zu einem wichtigen Gestaltungselement.

Checkliste

Einfach oder anspruchsvoll?
→ einfach → nur 5 Schritte

Zeitaufwand
→ 1–2 Tage (inkl. Abbindezeit für den Mörtel)

Besonderheiten
→ flexibel in Form und Größe
→ kann (mit etwas Aufwand) auch wieder abgebaut werden

Machen
→ Untergrund vorbereiten
→ Steine legen
→ Mörtelbeet einfüllen

Machen lassen
→ Steine liefern lassen

Werkzeuge
→ Grundausrüstung (→ Seite 8)
→ Mörtelkelle und Mörteleimer
→ Gummihammer zum Setzen der Steine

Material
→ Schnur, Schlauch oder Sand zum Markieren der Beetform
→ Steine, Ziegel, Menge abhängig von der Größe der Beetumrandung
→ Kies, Sand und Mörtel zum Fixieren der Steine

Ideal für
→ Alle Beetformen und -typen

Bauanleitung

Bau deine Einfassung aus Stein

Step 1: Fundamentstreifen ausheben

Markiere zuerst den Verlauf deiner Beeteinfassung. Das geht am besten mit einer Schnur, etwas Sand oder einem Gartenschlauch. Danach hebst du mit Spaten oder Schaufel einen schmalen Graben entlang der Linie aus – etwa 20–25 cm tief. Achte darauf, dass der Untergrund möglichst eben ist, damit die Steine später stabil liegen. Bei längeren geraden Strecken empfiehlt es sich, eine Richtschnur zu spannen, damit die Kante gerade verläuft.

Spatentief: Mit dem Spaten wird der Fundamentstreifen entlang der Beetkante ausgehoben.

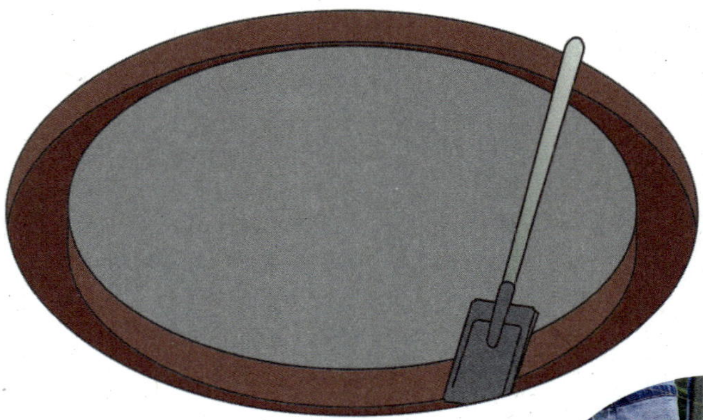

Step 2: Drainage einfüllen

Damit Regenwasser später gut ablaufen kann und die Steine nicht im feuchten Boden absacken, kommt eine Drainageschicht in den Graben. Fülle dafür 5–10 cm groben Kies oder Splitt ein und verteile ihn gleichmäßig. Verdichte die Schicht anschließend mit dem Spaten oder einem Handstampfer – so entsteht ein stabiles Fundament, das Kälte und Nässe standhält und verhindert, dass die Steine bei Frost hochfrieren.

Schütten oder schaufeln: Eine Schicht aus grobem Kies sorgt für eine stabile Drainage im Fundamentgraben.

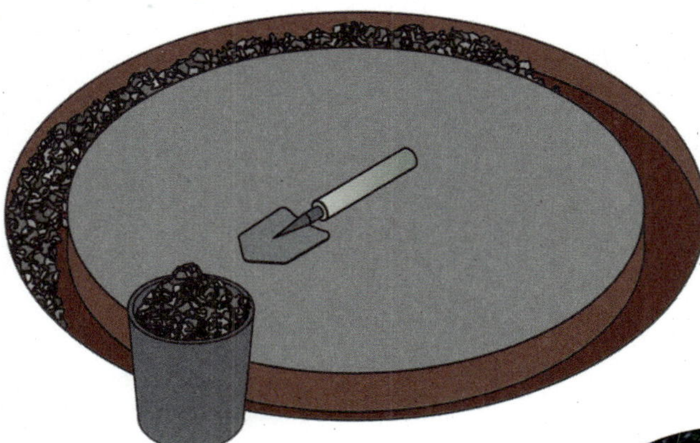

Bauanleitung

Step 3: Steine setzen

Jetzt kommt die eigentliche Einfassung ins Spiel: Lege die Steine dicht an dicht in den vorbereiteten Graben. Achte darauf, dass die sichtbare Oberkante möglichst eben verläuft. Mit einem Gummihammer kannst du einzelne Steine leicht in die Drainageschicht einklopfen, bis sie fest sitzen. Unterschiedliche Steinformate wirken besonders natürlich – so entsteht ein lebendiger, aber stabiler Rand.

Fest gesetzt: Die Steine werden dicht an dicht in den Fundamentgraben gesetzt und mit dem Gummihammer ausgerichtet.

Individuell deins

Upcycling

Verteile die Steine erst lose um das Beet. So kannst du unterschiedlich große Steine gleichmäßig verteilen und die Lücken dann mit kleineren oder mittleren Steinen ausfüllen. Das Ergebnis ist dann eine harmonische Einfassung, die sich super in den Garten einfügt.

Step 4: Seiten mit Mörtel fixieren

Damit die Steine dauerhaft stabil bleiben, werden sie an den Außen- und Innenseiten mit Mörtel oder erdfeuchtem Beton fixiert. Trage den Mörtel mit der Kelle seitlich auf und fülle alle Hohlräume sorgfältig aus. So verhinderst du, dass die Steine bei Frost oder Regen verrutschen.

Gut gebettet:
Mit Mörtel an den Außen- und Innenseiten fixiert, bleibt die Einfassung dauerhaft stabil.

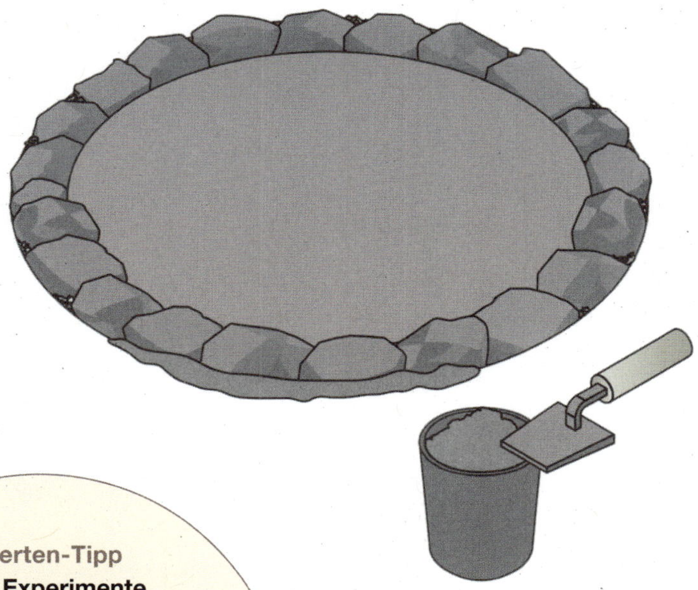

Experten-Tipp

Keine Experimente

Auch wenn es verlockend ist, selbst Mischungen anzurühren – bei Beeteinfassungen lohnt sich der Griff zu Fertigbeton oder Fertigmörtel. Die Mischungen sind optimal abgestimmt, lassen sich leicht verarbeiten und härten zuverlässig aus. So gehst du auf Nummer sicher, dass deine Steine auch nach Jahren noch fest und stabil sitzen.

Bauanleitung

Step 5: Erde anfüllen

Sind die Steine gesetzt und fixiert, füllst du den Innenbereich mit Erde auf. Verwende am besten humose Gartenerde oder Pflanzerde, je nachdem, ob du Blumen, Stauden oder Gemüse einsetzt. Fülle die Erde lagenweise ein und drücke sie leicht an, damit keine Hohlräume entstehen.

Einfüllen: Zum Schluss wird die Einfassung mit frischer Erde aufgefüllt

Fertig: Eine klare Beetkante, die stabil und pflegeleicht Rasen und Beet sauber trennt.

Ergebnis

Die fertige Steineinfassung gibt dem Beet eine klare Form und sorgt für eine saubere Abgrenzung zur Rasenfläche. Sie ist robust, pflegeleicht und wirkt zugleich natürlich. Durch die Kombination von solider Bauweise und zeitloser Optik bleibt dir diese Einfassung viele Jahre erhalten.

- → Eben verlegte Pflastersteine sind eine besonders dezente Lösung für Beeteinfassungen.
- → Sie liegen flach im Boden und bilden eine klare, trittfeste Kante, die Rasen und Beet sauber voneinander trennt.
- → Vorteil: Du kannst mit dem Rasenmäher bequem über die Steine fahren, ohne dass Nacharbeiten nötig ist.
- → Pflastersteine sind langlebig, pflegeleicht und passen mit ihrer schlichten Form zu jedem Gartenstil.

Individuell deins

Trockenrand

Damit die Kante dauerhaft trocken bleibt und Unkraut sich nicht so leicht ausbreitet, kannst du eine dünne Schicht Sand oder feinen Kies entlang der Innenseite einfüllen. Das verbessert den Wasserabzug und sorgt für eine saubere, pflegeleichte Beetkante.

Noch mehr Ideen mit Stein

Leicht erhöhte Einfassung

Wenn die Beeteinfassung etwas – rund 10 cm – über dem Rasen liegt, hat das gleich mehrere Vorteile: Das Beet bekommt eine klare, sichtbare Abgrenzung und wird optisch aufgewertet. Gleichzeitig staut sich im Beet keine Nässe – überschüssiges Wasser kann besser ablaufen, während der Boden trotzdem ausreichend Feuchtigkeit speichert. So bleiben Pflanzenwurzeln gesund und Staunässe wird zuverlässig vermieden. Besonders bei lehmigen Böden ist eine leicht erhöhte Einfassung eine praktische Lösung, damit Blumen, Stauden oder Gemüse dauerhaft gedeihen können.

Minimauer

Eine kleine Mauer aus Natur- oder Betonsteinen eignet sich ideal, um Beete zu terrassieren oder einzufassen. Sie wirkt solide und strukturiert, kann aber gleichzeitig dekorativ gestaltet werden – etwa mit unregelmäßigem Naturstein oder bewusst modern mit glatten Betonblöcken. Besonders an Hängen bietet die Einfassung dann Stabilität und schafft neue Pflanzflächen auf mehreren Ebenen. So lassen sich Stauden, Kräuter und Gemüse attraktiv in Szene setzen.

Einfassungen können auch so gebaut werden, dass das Beet leicht erhöht liegt.

Eine kleine Mauer aus Naturstein fasst das Beet ein und schafft zugleich Höhe und Struktur.

Alte Ziegel oder Wegplatten

Gebrauchte Ziegelsteine oder alte Wegplatten lassen sich hervorragend als Beeteinfassung verwenden. Hochkant gesetzt bilden sie eine stabile und rustikale Begrenzung, die sich besonders für Nutzgärten eignet. Aber auch flach verlegt, als einfacher Rahmen, erfüllen sie ihren Zweck und geben Beeten einen leicht nostalgischen Charakter. Wer Wert auf Nachhaltigkeit legt, findet bei auf historische Baumaterialien spezialisierten Baustoffhändlern eine ressourcenschonende und preiswerte Alternative zu neuem Material.

Hochkant gesetzte Ziegel geben Gemüsebeeten einen rustikalen Rahmen. So nutzt man vorhandenes Material clever weiter.

Metall #3
Einfassung aus Metall

Eine Einfassung aus Metall ist unverwüstlich. Sie passt vor allem zu einer modernen Gartengestaltung mit klaren Formen.

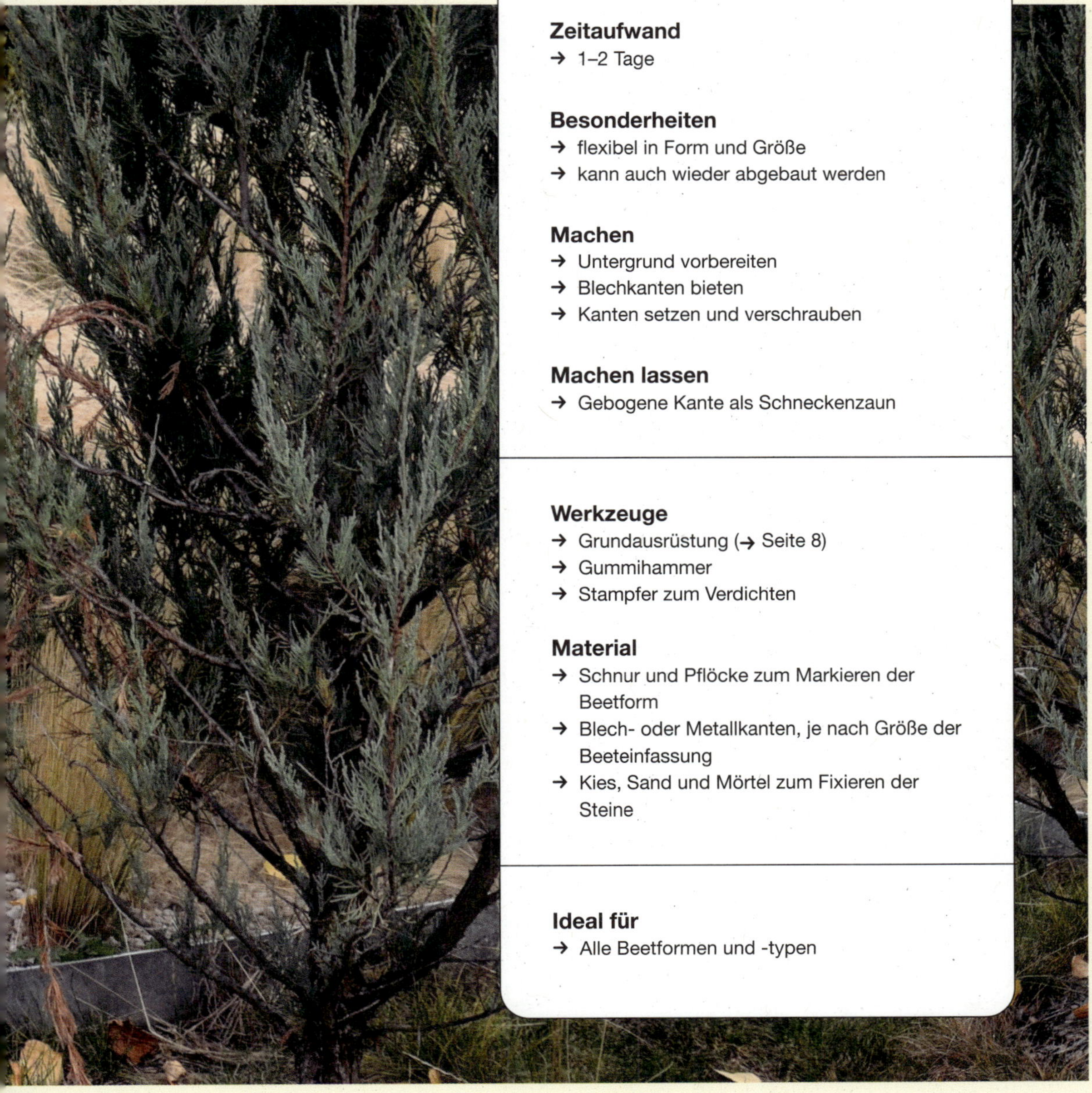

Checkliste

Einfach oder anspruchsvoll?
→ einfach → nur 3 Schritte

Zeitaufwand
→ 1–2 Tage

Besonderheiten
→ flexibel in Form und Größe
→ kann auch wieder abgebaut werden

Machen
→ Untergrund vorbereiten
→ Blechkanten bieten
→ Kanten setzen und verschrauben

Machen lassen
→ Gebogene Kante als Schneckenzaun

Werkzeuge
→ Grundausrüstung (→ Seite 8)
→ Gummihammer
→ Stampfer zum Verdichten

Material
→ Schnur und Pflöcke zum Markieren der Beetform
→ Blech- oder Metallkanten, je nach Größe der Beeteinfassung
→ Kies, Sand und Mörtel zum Fixieren der Steine

Ideal für
→ Alle Beetformen und -typen

Bauanleitung

Bau deine Einfassung aus Metall

Step 1: Blechbänder zuhauen

Die Blechbänder werden auf einem stabilen Tisch mit dem Gummihammer im rechten Winkel zugehauen. Markiere an jedem Blechstreifen denselben Abstand zum Rand, damit die vier Teile nachher genau zusammenpassen.

Ecken umhauen: Die Ecken müssen exakt im rechten Winkel (90°) sein, damit die Einfassung später rechteckig ist.

Step 2: Fundamentstreifen ausheben

Markiere den Verlauf der Beetkante mit einer Schnur. Dann hebst du entlang der Markierung einen schmalen Graben aus – in der Regel reicht eine Tiefe von 10–15 cm. Achte darauf, dass der Untergrund gleichmäßig fest ist. Hier werden die Metallprofile eingesetzt und stabilisiert.

Fundamentstreifen: Ein schmaler Graben entlang der Beetlinie nimmt die Metallprofile auf.

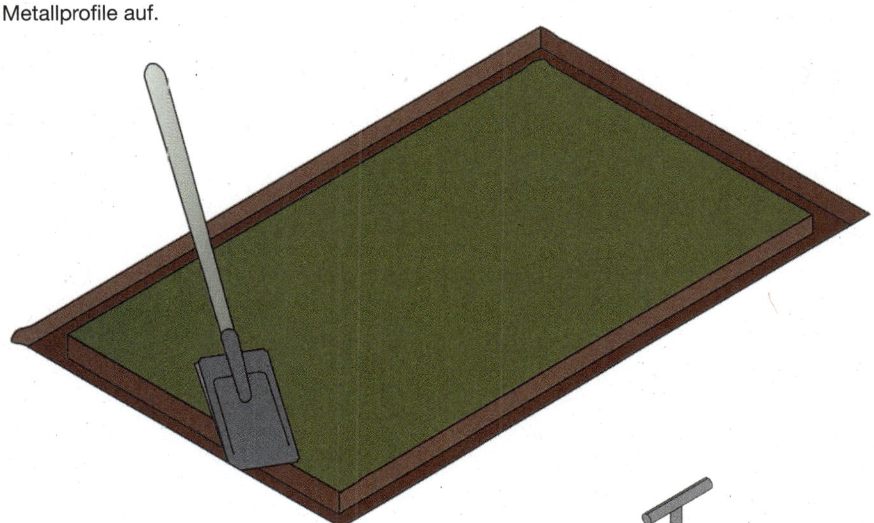

Verdichten: Mit einem Stampfer wird der Untergrund verdichtet.

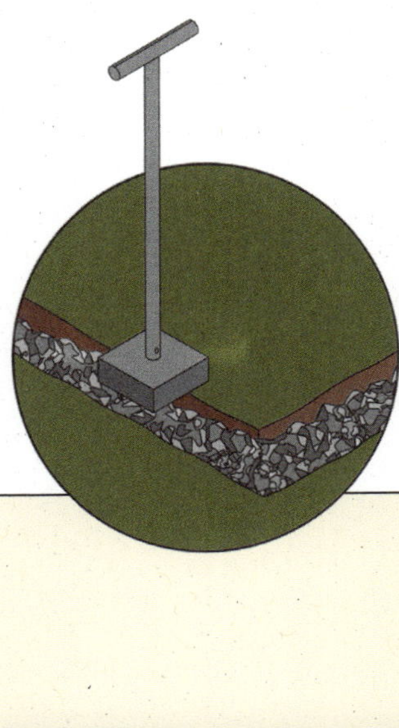

Bauanleitung

Step 3: Metallstreifen setzen und mit Mörtel fixieren

Stelle die vorbereiteten Metallstreifen in den Fundamentgraben und richte sie gerade aus. Achte darauf, dass alle Profile bündig stehen und die Oberkante eine gerade Linie bildet. Damit die Einfassung dauerhaft stabil bleibt, werden die Streifen an den Außen- und Innenseiten mit erdfeuchtem Mörtel fixiert.

Experten-Tipp

Erst aufstellen, dann fixieren

Die Metallbleche dürfen keine Spannung aufweisen, wenn sie mit Mörtel fixiert werden. Daher ist es ratsam, den Rahmen erst einmal „trocken“ aufzustellen und bei Bedarf nachzujustieren, wenn sich die einzelnen Teile noch nicht sauber aneinander fügen.

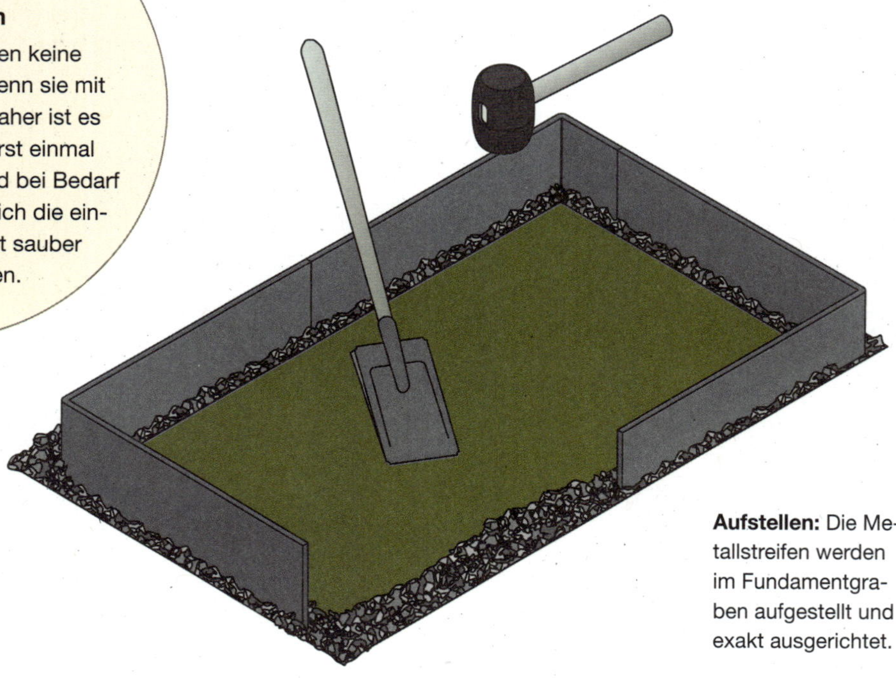

Aufstellen: Die Metallstreifen werden im Fundamentgraben aufgestellt und exakt ausgerichtet.

Edel: Eine Einfassung aus Cortenstahl gibt dieser Hecke aus Eisenholzbaum (*Parrotia persica*) einen angemessenen Rahmen.

Ergebnis

Die fertige Metalleinfassung wirkt modern und elegant – besonders, wenn du langlebige Materialien wie Cortenstahl oder verzinkten Stahl verwendest. Sie gibt Beeten und Wegen eine klare Struktur, hält Erde zuverlässig im Beet und verhindert, dass Rasen in die Pflanzflächen hineinwächst – oder Kies, Sand oder Rindenmulch vom Weg in die Beete gelangt.
Mit ihrer schlichten Optik passt eine Metalleinfassung sowohl in zeitgenössische als auch in naturnahe Gartenstile und bleibt viele Jahre wartungsfrei.

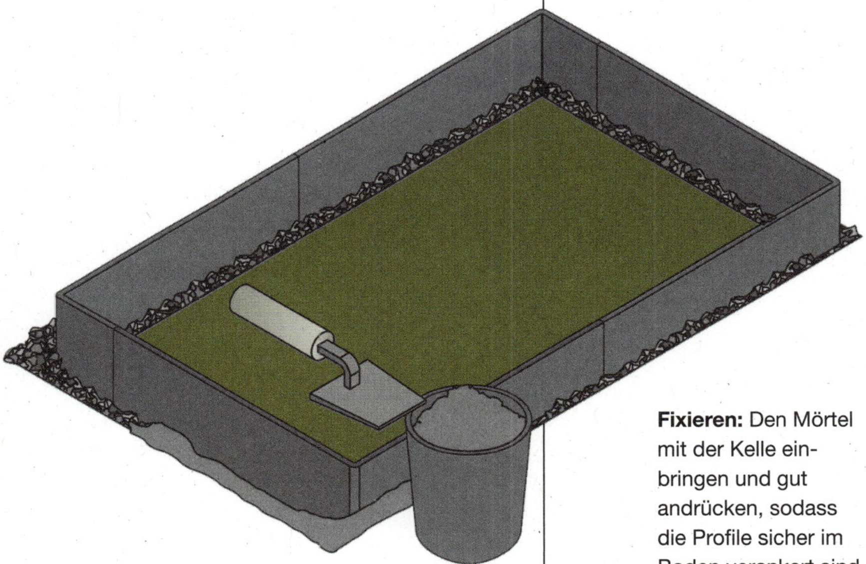

Fixieren: Den Mörtel mit der Kelle einbringen und gut andrücken, sodass die Profile sicher im Boden verankert sind. Kontrolliere zwischendurch mit der Wasserwaage, dass alles im Lot bleibt.

Troubleshooting

Spinnmilben

Typische Bedingungen: Warmes, trockenes Wetter; vor allem ein Problem unter Abdeckungen.
Symptome: Viele winzige Saugflecken auf den Blättern, junge Triebe wirken wie mit feinem Gespinst überzogen.
Maßnahmen: Bei starkem Befall Präparate auf Basis von Kaliseife oder Rapsöl einsetzen. Oft ist es sinnvoller, stark befallene Pflanzen vollständig zu entfernen.
Vorbeugung: Für höhere Luftfeuchtigkeit unter Folie oder Vlies sorgen.

Echter Mehlau an Kürbis

Echter Mehltau

Gefährdete Kulturen: U. a. Kürbis, Zucchini, Gurken, Salat. Der Pilz profitiert von warmem, trockenem Wetter.
Symptome: Auf Blattoberseiten sowie an Trieben und Knospen entsteht ein weißlicher, leicht abwischbarer Belag.
Maßnahmen: Biologische Fungizide einsetzen.
Vorbeugung: Auf widerstandsfähige Sorten achten; Pflanzen luftig platzieren und Stickstoff sparsam dosieren. Keine flüssigen N-Dünger verwenden.

Falscher Mehltau

Typische Bedingungen: Kühles, feuchtes Wetter.
Symptome: Oberseits gelbliche, glasige Flecken, die später nachdunkeln; unterseits grauvioletter Pilzrasen.
Maßnahmen: Behandlung mit Milchspritzungen (Milch:Wasser im Verhältnis 1:5 bis 1:10).
Vorbeugung: Robuste Sorten wählen, maßvoll düngen und befallene Blätter nicht kompostieren.

Geplatzer Kohlrabi

Platzen

Gefährdete Kulturen: Kohlrabi, Tomaten, Radieschen
Ursachen: Starke Schwankungen zwischen Trockenheit und Nässe oder zwischen warmem und kaltem Wetter.
Symptome: Früchte entwickeln Risse oder platzen vollständig auf.
Maßnahmen: Geerntete Früchte prüfen und bei gutem Geschmack verwenden.
Vorbeugung: Gleichmäßig und ausreichend gießen, um Stressphasen zu vermeiden.

Geschossener Salat

Ursachen: Unregelmäßiges Gießen und/oder zu tiefes Setzen.
Symptome: Statt des Kopfs bildet die Pflanze eine Sprossachse mit Blüten; Blätter schmecken bitter.

Maßnahmen: Blätter probieren; wenn sie zu bitter sind, Pflanzen entfernen und neu pflanzen.
Vorbeugung: Setzlinge nicht zu tief pflanzen und für gleichmäßige Wasserversorgung sorgen.

Schnecken

Häufigkeit: Im Hochbeet eher selten, aber möglich.
Symptome:Löcherfraß, abgefressene Jungpflanzen – teils über Nacht.
Maßnahmen: Bei akutem Befall nachts absammeln.
Vorbeugung: Schneckenzäune zwischen Substrat und Beetkante einsetzen. Beim Einfüllen von Kompost darauf achten, dass keine Schneckeneier eingeschleppt werden.

Geschossener Salat

Raupen

Gefährdete Kulturen: vor allem Kohlarten aller Art.
Symptome: Gelb-grüne Raupen mit dunklen Flecken, kleine Eigelege an Blattunterseiten; Falter fliegen häufig über den Pflanzen.
Maßnahmen: Eigelege zerdrücken und Raupen absammeln.
Vorbeugung: Kulturschutznetze verhindern die Eiablage zuverlässig.

Kraut- und Braunfäule

Gefährdete Kulturen: Tomaten, Kartoffeln
Verbreitung: Sporen gelangen über Wind und Regentropfen an die Pflanzen und breiten sich im Leitgewebe aus. Befallen werden Ti
Symptome: Dunkle Streifen an Trieben, plötzlich welkende Blätter, braune Stellen an Früchten – besonders am Stielansatz; Früchte werden ungenießbar.
Maßnahmen: Befallene Pflanzen sofort entfernen und im Restmüll entsorgen.
Vorbeugung: Nur robuste Sorten pflanzen; ausschließlich von unten gießen; im Hochbeet besser auf Substrate statt Gartenerde zurückgreifen.

Spinnmilben an Bohnen

Weiße Fliege

Gefährdete Kulturen: Vor allem Tomaten, Gurken und Kohlgewächse.
Symptome: Kleine weiße Insekten sitzen an den Blattunterseiten und fliegen bei Berührung auf; gelbliche Blätter; klebrige Ausscheidungen mit Rußtaupilzen.
Maßnahmen: Gelbtafeln aufhängen; Nützlinge wie Schlupfwespen einsetzen.
Vorbeugung: Vielfältige Bepflanzung fördert Nützlinge und reduziert Schädlingsdruck.

Bücher zum Weiterlesen

Julia Gschwilm, Inger Palmstierna
Das große Gewächshausbuch
Das ganze Jahr säen, ernten, genießen
Stiftung Warentest, 2025

Joachim Mayer
Das große Buch der Stauden und Sommerblumen
Planen, säen, pflanzen, pflegen und vermehren im Blumengarten
Stiftung Warentest, 2025

Joachim Mayer
Das große Gemüse- und Obstgartenbuch
Planen, anbauen, pflegen und erfolgreich ernten für Selbstversorger
Stiftung Warentest, 2017

Stiftung Warentest (Hg.)
Das große Gartenjahr-Buch
Erfolgreich gärtnern Monat für Monat
Stiftung Warentest, 2026

Gefunden!

A

B

S

T

U

V

W

Z

Die Stiftung Warentest wurde 1964 auf Beschluss des Deutschen Bundestages gegründet, um Verbraucherinnen und Verbrauchern durch vergleichende Tests von Waren und Dienstleistungen unabhängige und objektive Unterstützung zu bieten.

Dr. Folko Kullmann ist promovierter Gartenbauwissenschaftler. Er entwickelte und schrieb zahlreiche Gartenbestseller für Verlage wie Stiftung Warentest, GU, BLV, Kosmos, EMF, Callwey, Reader's Digest und Eugen Ulmer. Darüber hinaus verantwortete er als Chefredakteur die Fachmagazine „Gartenpraxis" und „GÄRTEN" beim Verlag Eugen Ulmer. Er engagiert sich zudem in nationalen und internationalen Garten- und Pflanzengesellschaften und ist für das Magazin „der Staudengarten" für die Gesellschaft der Staudenfreunde e. V. verantwortlich.

Stiftung Warentest

© 2026 Stiftung Warentest, Berlin
ISBN: 978-3-7471-1008-9

Stiftung Warentest
Lützowplatz 11–13, 10785 Berlin
www.test.de
email@stiftung-warentest.de
USt-IdNr.: DE136725570

Vorständin: Julia Bönisch

Programmleitung: Niclas Dewitz
Autor: Dr. Folko Kullmann
Projektleitung: Alexandra Germann
Lektorat: Barbara Kieswetter, München
Korrektorat: Denise Bentz, Stuttgart
Titelentwurf und Design: Studio Gramisci, Bruckmühl
Grafik und Satz Innenteil: Studio Gramisci, Bruckmühl, Kullmann & Matic GbR, Stuttgart
Bildnachweis Umschlag: GAP Photos (Cover), Shutterstock/Juice Flair (Rückseite), GAP Photos, Gartenbildagentur Friedrich Strauss/Andreas Lauermann, Shutterstock/Mariana Serdynska, /Beekeepx, /Mira Drozdowski, /epiximages (Klappen)
Illustrationen: Robert Neuhauser, München

Bildnachweis Innenteil: Elke Borkowski (2)
Die grüne Kamera/Dorothea Baumjohann (90/91, 95)
Flora Press (/Ruth de Boer 110/111, 117, /Garten Fräulein 97 oben, /Katharina Pasternak 56-57, 61, /Otmar Diez 82/83, 89)
GAP Photos (73, 104)
Gartenbildagentur Friedrich Strauss (/Anna Örnberg 74/75, /Friedrich Strauss 66/67, 120/121, 150, /Catja Vedder 142, /Clive Nichols Photography 98/99, /Dr. Karen Meyer-Rebentisch 28/29, /Martin Staffler 154/155, /NouN 140/141, /Peter von Felbert 27-1)
gartenfoto.eu/Martin Staffler (17 oben, 62, 65 beide, 108, 138, 153, 162, 169)
Kristian Matic Fotografie (6, 11, 18 unten, 22, 23, 26, 27 unten, 35, 36, 37 oben, 38 oben, 38 unten, 39 oben, 39 unten, 40/41, 44, 45, 46, 47, 170 beide, 171 beide ,173)
Popolon/CC BY-SA 4.0 (97 unten)
Shutterstock (/Alison Hancock 161, /Art_Pictures 48/49, 55, /Beekeepx 164/165, /Christine Kuchem 119 unten, /Cora Mueller 64, /DREAM INSPIRATION 8, /epiximages 14/15, /FotoHelin 12, 151 unten, 152 oben, /Gudrun Muenz 103, /HY-DP 7, /Insanet 127, /Juice Flair 10, /Kinek00 25, /Laura R.L 163 unten, /Mabeline72 16, 175, /Manfred Ruckszio 80, 174, /Marian Klerx 106/107, /Mariana Serdynska 20 unten, 37 unten, /Mira Drozdowski 118, /Miriam Doerr/Martin Frommherz 79, /Octopus16109, /Paul Maguire 144/145, /SC SChesnut 119 oben, /Sergey V Kalyakin 20 oben, /sophiecat 149, 152 unten, /Stanley Dullea 24, /Stonel 163 oben, /tastyfood 18 oben, /terra incognita 128, 129 oben, 129 unten, /Tomasz Klejdysz 17 unten, 21, /vaivirga 19, /viki2win 4, /Wilm Ihlenfeld 143)
STIHL (130/131, 132, 135, 137, 151 oben, 156, 157)
Klaus Zimmermann (96)
Illustrationen: Robert Neuhauser, München
Litho: Kristijan Matic Fotografie, München; Markus Drangsal, Berlin; tiff.any, Berlin
Herstellung: Rita Brosius (Ltg.), Romy Alig, Susanne Beeh
Druck: Firmengruppe APPL, aprinta druck, Wemding